常见食用野菜 300种图鉴

徐晔春　蒋　明　孙光闻　编

化学工业出版社
北京

内容简介

　　《常见食用野菜300种图鉴》详细介绍了我国目前野外常见的地上茎叶类食用野菜187种、地下根茎类食用野菜35种、食花类野菜27种、调味类野菜32种、食果类野菜19种。全书每种植物配有2～4张高清彩色图片，对应植物器官、部位，以供读者借鉴参考。文字部分主要介绍了读者最关注的每种植物的中文学名、中文别名、拉丁名、科属分类、识别特征、产地与生境、食用部位、食用方法，言简意赅，通俗易懂。

　　《常见食用野菜300种图鉴》可供植物爱好者、园艺爱好者、餐饮爱好者阅读参考，也可供高等农林院校农学、园艺、林学、植物学等相关专业师生实习、实践参考。

图书在版编目（CIP）数据

常见食用野菜300种图鉴/徐晔春，蒋明，孙光闻编.
—北京：化学工业出版社，2021.5（2024.11重印）
ISBN 978-7-122-38774-5

Ⅰ.①常…　Ⅱ.①徐…②蒋…③孙…　Ⅲ.①野生植物-蔬菜-中国-图谱　Ⅳ.①S674-64

中国版本图书馆CIP数据核字（2021）第053248号

責任编辑：尤彩霞　　　　　　　　　　装帧设计：关　飞
責任校对：王鹏飞

出版发行：化学工业出版社（北京市东城区青年湖南街13号
　　　　　邮政编码100011）
印　　装：北京宝隆世纪印刷有限公司
889mm×1194mm　1/32　印张　9³/₄　字数331千字
2024年11月北京第1版第3次印刷

购书咨询：010-64518888　　　　　售后服务：010-64518899
网　　址：http://www.cip.com.cn
凡购买本书，如有缺损质量问题，本社销售中心负责调换。

定　　价：88.00元

前　言

　　野菜是指可以用作蔬菜食用的野生植物，我国的野菜资源十分丰富，各地均有分布，且应用历史悠久，不少野菜具有较好的营养价值和良好的开发前景。

　　目前世界各地栽培的蔬菜归根结底均来源于野生植物，随着原始农业的产生，人类在自然活动中，采集野菜为食，并在定居地种植野菜。这些野菜经过人类长期种植，逐渐驯化，形成了现在广为栽培的蔬菜。中国是蔬菜起源中心之一，如白菜、芥菜、萝卜、茼蒿等均起源于我国；古籍《诗经》就记载了二十余种野菜，如荇菜、卷耳、酸模等。随着蔬菜品种的不断丰富，一些古代人们迫于生计而不得不常常食用但口感较差的蔬菜如冬葵（冬寒菜）已较少栽培及食用了。

　　野菜具有较高的食用价值，如马兰、荠菜、鼠曲草，是南方春季重要的食用野菜。有些野菜具有独特的风味，如风靡于日本的山嵛菜，辛辣清香，对口舌有特殊的刺激作用；又如我国朝鲜族及朝鲜半岛居民所喜食的桔梗，鲜嫩松脆，别有风味。有些野菜是重要的出口创汇产品，如蕨菜、山芹等。野菜风味独特、污染相对较少、无农药残留，可生食、可凉拌、可炒食、可煲汤、可蒸煮或用于菜肴的配料，有些可用于制作干菜、腌渍食用。

　　由于生态环境的破坏，目前一些野菜资源日渐稀少，对于分布地狭窄、野生数量较少的植物种类尽量不要采食。另外列入《濒危野生动植物种国际贸易公约》《国家重点保护野生植物名录（第一批）》以及各省市重点保护植物名录的野菜，因与传统文化相关，部分也列入了本书中，但禁止采集和食用，如兰科植物的所有种类、水蕨、金荞麦、笔筒树、莼菜、海菜花、云南石梓等。部分野菜具有一定的毒性，如蕨菜、菊三七属等尽量少食或不食。有些野菜食用前一定要按照相关要求进行去毒处理，如黄花菜、蠶豆等。食用野菜有风险，建议尽可能多食用常见栽培的蔬菜或已驯化栽培的野菜。

　　《常见食用野菜300种图鉴》收集了300种野菜资源，部分原产于中国，少部分原产于国外但在国内逸生。分为地上茎叶类、地下根茎类、食花类、调味类、食果类五个部分。每种野菜给出了中文学名、拉丁名、识别特征、产地与生境、食用部位及食用方法，均配有彩色照片。

　　《常见食用野菜300种图鉴》由朱鑫鑫、周繇、叶喜阳、华国军、吴棣飞等老师提供部分图片，特此致谢。

　　鉴于作者水平有限，书中难免有疏漏之处，敬请批评指正。

作者

2021年4月

目 录

001 蕨 *Pteridium aquilinum* var. *latiusculum*

科属：蕨科蕨属

识别特征：植株高可达1米。叶远生，三回羽状，羽片4～6对，对生或近对生，近革质。孢子囊沿羽片边缘着生在边脉上，囊群盖线形。

产地与生境：产于中国各地，常生于海拔1900米以下山地阳坡及森林边缘阳光充足的地方。世界热带及温带地区广布。

食用部位：拳卷没有展叶的嫩芽。

食用方法：采摘嫩芽后用开水焯2～3分钟，可素炒或与肉炒食，也可凉拌，或开水焯后干制及盐渍后食用。

蕨类食用注意事项：蕨菜的嫩芽大多有毛，焯水后反复用清水清洗，毛即会脱落。有研究认为蕨类植物含有原蕨苷，可能致癌，建议少食，经过加热炒食的蕨类，原蕨苷含量会大大降低，如果凉拌，可用开水多焯（烫）几分钟。

002 荚果蕨 *Matteuccia struthiopteris*

科属：球子蕨科荚果蕨属

识别特征：植株高70～110厘米。叶簇生，二型，不育叶叶柄褐棕色，羽片40～60对；能育叶较不育叶短，叶片倒披针形，羽片线形，两侧强度反卷成荚果状。孢子囊群圆形。

产地与生境：主产于我国中部及北部，常生于海拔80～3000米的山谷林下或河岸湿地，也广布于日本、朝鲜、俄罗斯、北美洲及欧洲。

食用部位：拳卷没有展叶的嫩芽。

食用方法：采摘嫩叶洗净，放入开水中焯（烫）2～3分钟，捞出后可凉拌、炒食、做汤或开水焯后干制、盐渍后食用。

003 水蕨 *Ceratopteris thalictroides*

科属：水蕨科水蕨属

识别特征：株高可达70厘米。叶簇生，二型。不育叶叶片直立或幼时漂浮，二至四回羽状深裂，裂片5～8对。能育叶叶片长圆形或卵状三角形，二至三回羽状深裂，羽片3～8对。孢子囊沿能育叶的裂片主脉两侧的网眼着生。

产地与生境：主产于我国中南部各地区，常生于池沼、水田或水沟的淤泥中，有时漂浮于深水面上。也广布于世界热带及亚热带各地。

食用部位：拳卷没有展叶的嫩芽。

食用方法：嫩叶洗净后用开水焯（烫）2～3分钟，捞出后可炒食、做汤，也可开水焯后干制、盐渍后食用。

004 笔筒树 *Sphaeropteris lepifera*

科属：桫椤科白桫椤属

识别特征：茎干高可达6米以上，最长的羽片达80厘米，最大的小羽片长10～15厘米，裂片纸质，全缘或近于全缘。孢子囊群近主脉着生，无囊群盖。

产地与生境：产于我国台湾地区，常成片生长于海拔可达1500米的林缘、路边或山坡向阳地段。菲律宾、琉球群岛也有。目前我国台湾地区有大量野生，内地均为栽培。

食用部位：拳卷没有展叶的嫩芽。

食用方法：其嫩芽较大，食用时需将嫩芽上的粗长毛去除，开水焯（烫）2～3分钟后应多次清洗，可切段炒食、炖食。

005　东北蹄盖蕨 *Athyrium brevifrons*

科属：蹄盖蕨科蹄盖蕨属

别名：猴腿蹄盖蕨、猴腿菜

识别特征：叶簇生。叶片卵形至卵状披针形，二回羽状，羽片大多15 ～ 18对。孢子囊群长圆形、弯钩形或马蹄形，生于基部上侧小脉，每裂片1枚，囊群盖同形，浅褐色。

产地与生境：产于我国东北地区、内蒙古、北京、河北、山西。常生于海拔300 ～ 2010米的针阔叶混交林下或阔叶林下。俄罗斯、朝鲜和日本也有。

食用部位：拳卷没有展叶的嫩芽。

食用方法：嫩芽洗净后用开水焯（烫）2 ～ 3分钟，清水漂洗，然后切成小段，可与肉炒食或凉拌，也可开水焯（烫）后用盐腌制或干制。

006　紫萁 *Osmunda japonica*

科属：紫萁科紫萁属

识别特征：植株高50～80厘米或更高。叶簇生，叶片为三角广卵形，顶部一回羽状，其下为二回羽状，羽片3～5对，对生。能育叶沿中肋两侧背面密生孢子囊。

产地与生境：我国北起山东，南达广东、广西，东至海边，西至云南、贵川、四川均有分布。常生于林下或溪边酸性土壤上。日本、朝鲜、印度也有分布。

食用部位：拳卷没有展叶的嫩芽。

食用方法：嫩芽洗净后用开水焯（烫）2～3分钟，清水漂洗，可与肉炒食、煮或凉拌。也开水焯（烫）后可用盐腌制、干制或制成罐头。

007 兴安升麻 *Cimicifuga dahurica*

科属：毛茛科升麻属

别名：苦龙芽

识别特征：多年生草本，雌雄异株，茎高约1米。下部茎生叶为二回或三回三出复叶，叶片三角形，顶生小叶宽菱形。花序复总状，雄株花序大，萼片宽椭圆形至宽倒卵形。蓇葖果。花期7～8月份，果期8～9月份。

产地与生境：产于我国山西、河北、内蒙古、辽宁、吉林、黑龙江。常生于海拔300～1200米之间的山地林缘灌木丛以及山坡疏林或草地中。在俄罗斯西伯利亚东部和远东地区以及蒙古也有分布。

食用部位：嫩茎叶。

食用方法：采摘嫩茎叶洗净，沸水焯（烫）2～3分钟，捞出后在凉水中浸洗后可炒食，也可做汤。

008 升麻 *Cimicifuga foetida*

科属：毛茛科升麻属

别名：绿升麻

识别特征：多年生草本。茎高1～2米，叶为二至三回三出羽状复叶，茎下部叶的叶片三角形，顶生小叶菱形，常浅裂，侧生小叶斜卵形，上部的茎生叶较小。花序具分枝3～20条，花两性，萼片白色或绿白色。蓇葖长圆形。花期7～9月份，果期8～10月份。

产地与生境：分布于我国西藏、云南、四川、青海、甘肃、陕西、河南西部和山西，常生于海拔1700～2300米的山地林缘、林中或路旁草丛中。蒙古和俄罗斯也有分布。

食用部位：嫩茎叶。

食用方法：嫩茎叶洗净后用沸水焯（烫）2～3分钟，可凉拌或炒食。

009 展枝唐松草 *Thalictrum squarrosum*

科属：毛茛科唐松草属

别名：猫爪子

识别特征：茎高60～600厘米，二至三回羽状复叶，小叶坚纸质或薄革质，顶生小叶楔状倒卵形、圆卵形，顶端急尖，基部楔形至圆形，通常三浅裂。花序圆锥状，萼片淡黄绿色。瘦果。花期7～8月份。

产地与生境：产于我国陕西、山西、河北、内蒙古、东北地区。常生于海拔200～1900米的平原草地、田边或干燥草坡。蒙古、俄罗斯也有分布。

食用部位：嫩芽。

食用方法：嫩芽洗净，用开水焯（烫）2～3分钟，然后用清水浸泡一夜，即可炒食或做汤。也可开水焯（烫）后盐渍食用。

010　莼菜 *Brasenia schreberi*

科属：莼菜科莼菜属

别名：水案板

识别特征：多年生水生草本。叶椭圆状矩圆形，下面蓝绿色。花暗紫色，萼片及花瓣条形。坚果矩圆卵形。花期6月份，果期10～11月份。

产地与生境：产于我国江苏、浙江、江西、湖南、四川、云南。常生在池塘、河湖或沼泽。俄罗斯、日本、印度及北美洲、大洋洲、非洲也有分布。

食用部位：嫩茎叶及叶柄。

食用方法：莼菜为著名野菜，富胶质，嫩茎叶带短柄采摘后，用清水漂洗干净，下锅前用开水烫下，可烹调成鱼羹、汤、粥等食用。

011 白花菜 *Gynandropsis gynandra*

科属：白花菜科白花菜属

别名：羊角菜

识别特征：一年生草本。掌状复叶，小叶3～7枚，小叶倒卵状椭圆形、倒披针形或菱形。总状花序，花少数至多数，花瓣白色，少有淡黄色或淡紫色。果圆柱形。花果期7～10月份。

产地与生境：广布种，全球热带与亚热带均有分布。常生于低海拔林边、道旁、荒地或田野间。非洲少数地区偶有栽培以供蔬食，我国湖北安陆有种植。

食用部位：嫩茎叶。

食用方法：白花菜有小毒，不宜鲜食，有报道中毒案例，清水洗净加盐腌制后可与肉炒食。

012 豆瓣菜 *Nasturtium officinale*

科属：十字花科豆瓣菜属

别名：西洋菜

识别特征：多年生水生草本，高20～40厘米。单数羽状复叶，小叶片3～9枚，宽卵形、长圆形或近圆形。总状花序顶生，花瓣白色。长角果。花期4～5月份，果期6～7月份。

产地与生境：我国大部分地区有产，栽培或野生，喜生于海拔850～3700米的水中、水沟边、山涧河边、沼泽地或水田中。欧洲、亚洲及北美洲均有分布。

食用部位：嫩茎叶。

食用方法：为常见野菜，也有栽培。嫩茎叶洗净切段后即可与肉、蘑菇炒食、做汤或用于火锅配菜。

013 北美独行菜 *Lepidium virginicum*

科属：十字花科独行菜属

识别特征：一年或二年生草本，高20～50厘米。基生叶倒披针形，羽状分裂或大头羽裂，边缘有锯齿，茎生叶倒披针形或线形。总状花序，花瓣白色。短角果。花期4～5月份，果期6～7月份。

产地与生境：产于我国山东、河南、安徽、江苏、浙江、福建、湖北、江西、广西，常生在田边或荒地。原产于美洲。

食用部位：嫩苗及嫩叶。

食用方法：嫩苗及嫩叶洗净用开水稍焯（烫）后捞出凉拌、炒食或盐腌制后食用。

014　独行菜 *Lepidium apetalum*

科属：十字花科独行菜属

别名：腺独行菜

识别特征：一年或二年生草本，高5～30厘米。基生叶窄匙形，一回羽状浅裂或深裂，茎上部叶线形，有疏齿或全缘。总状花序，花瓣不存或退化成丝状。短角果。花果期5～7月份。

产地与生境：产于中国各地，常生在海拔400～2000米的山坡、山沟、路旁。欧洲地区均有分布。

食用部位：嫩苗及嫩叶。

食用方法：同北美独行菜。

015 无瓣蔊菜 *Rorippa dubia*

科属：十字花科蔊菜属

别名：野油菜

识别特征：一年生草本，高10～30厘米。单叶互生，基生叶与茎下部叶倒卵形或倒卵状披针形，茎上部叶卵状披针形或长圆形。总状花序，无花瓣。长角果。花期4～6月份，果期6～8月份。

产地与生境：主产于我国中南部，常生于海拔500～3700米的山坡路旁、山谷、河边湿地及田野较潮湿处。日本、菲律宾、印度尼西亚、印度及美国南部均有分布。

食用部位：嫩茎叶。

食用方法：将采摘的嫩茎叶用清水洗净凉拌，也可沸水稍焯（烫），再用清水漂洗后炒食、做汤。

016 风花菜 *Rorippa globosa*

科属：十字花科蔊菜属

别名：球果蔊菜、银条菜

识别特征：一年生草本，高20～80厘米。叶片长圆形至倒卵状披针形，基部短耳状，半抱茎，叶缘具不规则粗齿。总状花序排成圆锥花序式，花黄色。短角果。花果期4～8月份。

产地与生境：几乎遍及全中国。俄罗斯也有分布。

食用部位：嫩茎叶。

食用方法：同无瓣蔊菜。

017 蔊菜 *Rorippa indica*

科属：十字花科蔊菜属

别名：塘葛菜

识别特征：一、二年生直立草本，高20～40厘米。叶互生，基生叶及茎下部叶具长柄，叶形多变化，通常大头羽状分裂。总状花序，花小，多数，花瓣4，黄色。长角果。花期4～6月份，果期6～8月份。

产地与生境：主产于我国中南部，常生于海拔230～1450米路旁、田边、河边及山坡路旁。日本、朝鲜、菲律宾、印度尼西亚、印度等也有分布。

食用部位：嫩茎叶。

食用方法：同无瓣蔊菜。

018 荠 *Capsella bursa-pastoris*

科属：十字花科荠属

别名：荠菜

识别特征：一年或二年生草本，高7～50厘米。基生叶丛生呈莲座状，大头羽状分裂，茎生叶窄披针形或披针形，抱茎。总状花序，花瓣白色。短角果。花果期4～6月份。

产地与生境：分布几乎遍及全中国，全世界温带地区广泛分布。常生在山坡、田边及路旁。

食用部位：嫩苗及嫩茎叶。

食用方法：采摘没有开花的嫩苗和嫩茎叶，用水清洗干净即可用于做汤、炒肉、煮粥或做馅等。

019 沙芥 *Pugionium cornutum*

科属：十字花科沙芥属

别名：山萝卜

识别特征：一年或二年
生草本，高50～100厘米。
叶肉质，羽状分裂，裂片
3～4对，顶裂片卵形或长
圆形。总状花序，花瓣黄色，
宽匙形。短角果。花期6月
份，果期8～9月份。

产地与生境：产于我国内蒙古、陕西、宁夏，常生在沙漠地带的
沙丘上。

食用部位：嫩茎叶。

食用方法：全株有芥辣味，嫩茎叶采收后用清水洗净，然后用开水稍
焯（烫）下，可凉拌，也可用于炒肉。另外可清水烫煮，脱水晒干或腌渍
食用。

020　斧翅沙芥 *Pugionium dolabratum*

科属：十字花科沙芥属

别名：宽翅沙芥

识别特征：一年生草本，高60～100厘米。茎下部叶二回羽状全裂至深裂，茎中部叶一回羽状全裂，茎上部叶丝状线形。总状花序顶生，有时呈圆锥花序，花瓣浅紫色。短角果。花果期6～8月份。

产地与生境：产于我国内蒙古、陕西、甘肃、宁夏。常生在荒漠及半荒漠的沙地。蒙古也有分布。

食用部位：嫩茎叶。

食用方法：同沙芥。

021 山萮菜 *Eutrema yunnanense*

科属：十字花科山萮菜属

别名：云南山萮菜、山葵

识别特征：多年生草本，高30～80厘米。基生叶基部深心形，边缘具波状齿或牙齿；茎生叶向上渐短，长卵形或卵状三角形，基部浅心形。花序密集呈伞房状，花瓣白色。角果。花期3～4月份。

产地与生境：产于我国江苏、浙江、湖北、湖南、陕西、甘肃、四川、云南。常生于海拔1000～3500米的林下或山坡草丛、沟边、水中。

食用部位：根茎和嫩茎叶。

食用方法：有特殊辛香味，目前中国及日本有栽培，日本消费量较大。嫩茎叶洗净后可直接做沙拉调味品食用，根茎去皮后磨成粥状做调味料。

022 弯曲碎米荠 *Cardamine flexuosa*

科属：十字花科碎米荠属

识别特征：一年或二年生草本，高30厘米。基生叶有小叶3～7对，顶生小叶卵形、倒卵形或长圆形，茎生叶有小叶3～5对，小叶多为长卵形或线形。总状花序，花瓣白色。长角果线形。花期3～5月份，果期4～6月份。

产地与生境：分布几乎遍及全中国。常生于田边、路旁及草地。朝鲜、日本、欧洲、北美洲均有分布。

食用部位：嫩苗和嫩叶。

食用方法：嫩苗和嫩叶洗净后可与肉同炒或做汤，开水稍焯（烫）后可凉拌，也可做馅。

023 碎米荠 *Cardamine hirsuta*

科属：十字花科碎米荠属

识别特征：一年生小草本，高15～35厘米。基生叶有小叶2～5对，顶生小叶肾形或肾圆形，侧生小叶卵形或圆形，茎生叶有小叶3～6对，茎下部的叶与基生叶相似，生于茎上部的顶生小叶菱状长卵形。总状花序，花瓣白色。长角果。花期2～4月份，果期4～6月份。

产地与生境：分布几乎遍及全中国。多生于海拔1000米以下的山坡、路旁、荒地及耕地的草丛中。亦广布于全球温带地区。

食用部位：嫩苗和嫩叶。

食用方法：同弯曲碎米荠。

024 白花碎米荠 *Cardamine leucantha*

科属：十字花科碎米荠属

别名：山芥菜

识别特征：多年生草本，高30～75厘米。基生叶有小叶2～3对，茎中部叶通常有小叶2对，茎上部叶有小叶1～2对。总状花序，花瓣白色。长角果。花期4～7月份，果期6～8月份。

产地与生境：产于我国中部及北部各地区，常生于海拔200～2000米的路边、山坡湿草地、杂木林下及山谷沟边阴湿处。日本、朝鲜、俄罗斯均有分布。

食用部位：嫩苗和嫩叶。

食用方法：同弯曲碎米荠。

025 水田碎米荠 *Cardamine lyrata*

科属：十字花科碎米荠属

别名：小水田荠

识别特征：多年生草本，高30～70厘米。生于匍匐茎上的叶为单叶，心形或圆肾形，茎生叶无柄，羽状复叶，小叶2～9对。总状花序，花瓣白色。长角果。花期4～6月份，果期5～7月份。

产地与生境：产于我国东北、河北、河南、安徽、江苏、湖南、江西、广西等地区。常生于水田边、溪边及浅水处。俄罗斯、朝鲜、日本均有分布。

食用部位：嫩苗和嫩叶。

食用方法：同弯曲碎米荠。

026　大叶碎米荠 *Cardamine macrophylla*

科属：十字花科碎米荠属

识别特征：多年生草本，高30～100厘米。叶通常4～5枚，小叶4～5对，小叶椭圆形或卵状披针形，顶端钝或短渐尖。总状花序多花，花瓣淡紫色、紫红色，少有白色。长角果。花期5～6月份，果期7～8月份。

产地与生境：产于我国内蒙古、河北、山西、湖北、陕西、甘肃、青海、四川、贵州、云南、西藏等地区。常生于海拔1600～4200米的山坡灌木林下、高山草坡水湿处。俄罗斯、日本、印度也有分布。

食用部位：嫩苗和嫩叶。

食用方法：同弯曲碎米荠。

027　紫花碎米荠 *Cardamine purpurascens*

　　科属：十字花科碎米荠属

　　别名：石芥菜

　　识别特征：多年生草本，高15～50厘米。叶长椭圆形，顶端短尖，边缘具钝齿，基部呈楔形或阔楔形。总状花序，花瓣紫红色或淡紫色。长角果。花期5～7月份，果期6～8月份。

　　产地与生境：产于我国河北、山西、陕西、甘肃、青海、四川、云南及西藏东部。常生于海拔2100～4400米的高山山沟草地及林下阴湿处。

　　食用部位：嫩苗和嫩叶。

　　食用方法：同弯曲碎米荠。

028　华中碎米荠 *Cardamine urbaniana*

科属：十字花科碎米荠属

别名：半边菜

识别特征：多年生草本，高35～65厘米。小叶4～5对，有时3～6对，卵状披针形、宽披针形或狭披针形。总状花序，花瓣紫色、淡紫色或紫红色。长角果。花期4～7月份，果期6～8月份。

产地与生境：产于我国浙江、湖北、湖南、江西、陕西、甘肃、四川。常生于海拔500～3500米的山谷阴湿地及山坡林下。

食用部位：嫩苗和嫩叶。

食用方法：同弯曲碎米荠。

029 糖芥 *Erysimum amurense*

科属：十字花科糖芥属

识别特征：一年或二年生草本，高30～60厘米。叶披针形或长圆状线形，基生叶全缘，上部叶基部近抱茎，边缘有波状齿或近全缘。总状花序顶生，花瓣橘黄色。长角果。花期6～8月份，果期7～9月份。

产地与生境：产于我国东北、华北、江苏、陕西、四川，常生在田边荒地、山坡。蒙古、朝鲜、俄罗斯也有分布。

食用部位：嫩苗。

食用方法：嫩苗洗净，用开水稍焯（烫）后炒食。

030　芝麻菜 *Eruca vesicaria* subsp. *sativa*

科属：十字花科芝麻菜属

识别特征：一年生草本，高20～90厘米。基生叶及下部叶大头羽状分裂或不裂，上部叶有1～3对裂片，顶裂片卵形，侧裂片长圆形。总状花序，花黄色。长角果。花期5～6月份，果期7～8月份。

产地与生境：产于我国河北、北京、内蒙古、山西、陕西、甘肃、四川、青海、新疆等地，欧洲也有分布。

食用部位：幼苗、嫩茎叶。

食用方法：洗净用开水烫煮5～10分钟，清水浸泡2小时，可凉拌或炒食。

031 诸葛菜 *Orychophragmus violaceus*

科属：十字花科诸葛菜属

别名：二月兰

识别特征：一年或二年生草本，高10～50厘米。基生叶及下部茎生叶大头羽状全裂，上部叶长圆形或窄卵形，顶端急尖，基部耳状抱茎。花紫色、浅红色或褪成白色。长角果。花期4～5月份，果期5～6月份。

产地与生境：产于我国华北、华中、华东等地，常生在平原、山地、路旁或田地边。朝鲜也有分布。

食用部位：嫩茎叶。

食用方法：嫩茎叶用开水稍焯（烫）一下，再用清水浸泡去除苦味，可炒食。

032 紫花地丁 *Viola philippica*

科属：堇菜科堇菜属

别名：辽堇菜

识别特征：多年生草本，高4～14厘米。叶多数，基生，莲座状；叶片下部通常较小，三角状卵形或狭卵形，上部者较长，长圆形、狭卵状披针形或长圆状卵形。花紫堇色或淡紫色，稀呈白色。蒴果。花果期4月中下旬至9月。

产地与生境：产于我国大部分地区，常生于田间、荒地、山坡草丛、林缘或灌丛中。朝鲜、日本、俄罗斯也有分布。

食用部位：嫩叶

食用方法：嫩叶洗净沥水，可与肉炒食，或稍焯（烫）熟后凉拌。

033 费菜 *Phedimus aizoon*

科属：景天科费菜属

别名：土三七、景天三七

识别特征：多年生草本。叶互生，狭披针形、椭圆状披针形至卵状倒披针形，先端渐尖，基部楔形。聚伞花序，花瓣5，黄色。蓇葖星芒状排列。花期6～7月份，果期8～9月份。

产地与生境：主产于我国中北部，俄罗斯、蒙古、日本、朝鲜也有分布。

食用部位：嫩茎叶。

食用方法：嫩茎叶洗净，用开水稍焯（烫）后可凉拌，或直接炒食、炖肉。

034 扯根菜 *Penthorum chinense*

科属：虎耳草科扯根菜属

别名：水泽兰、水杨柳

识别特征：多年生草本，高40～90厘米。叶互生，披针形至狭披针形，先端渐尖，边缘具细重锯齿。聚伞花序，花小，黄白色，萼片5，无花瓣。蒴果。花果期7～10月份。

产地与生境：产于我国大部分地区，常生于海拔90～2200米的林下、灌木丛草甸及水边。俄罗斯、日本、朝鲜均有分布。

食用部位：嫩苗。

食用方法：嫩苗洗净后开水稍焯（烫）一下，可炒食或凉拌。

035 大叶子 *Astilboides tabularis*

科属：虎耳草科大叶子属

别名：山荷叶

识别特征：多年生草本，高1～1.5米。基生叶1片，盾状着生，近圆形，掌状浅裂，茎生叶较小，掌状3～5浅裂。圆锥花序，花小，白色或微带紫色。蒴果。花期6～7月份，果期8～9月份。

产地与生境：产于我国吉林、辽宁等地区，常生于山坡杂木林下或山谷沟边。朝鲜也有分布。

食用部位：嫩芽及叶柄。

食用方法：嫩芽及叶柄洗净，可炒食。

036　鹅肠菜 *Myosoton aquaticum*

科属：石竹科鹅肠菜属

别名：牛繁缕

识别特征：二年生或多年生草本。叶片卵形或宽卵形，顶端急尖，基部稍心形。顶生二歧聚伞花序，花瓣白色。蒴果。花期5～8月份，果期6～9月份。

产地与生境：产于我国南北各地，常生于海拔350～2700米的河流两旁的低湿处或灌丛林缘和水沟旁。北半球温带及亚热带以及北非也有分布。

食用部位：幼苗。

食用方法：幼苗洗净后，可用于炒食或做汤。

037 荷莲豆草 *Drymaria cordata*

科属：石竹科荷莲豆草属

别名：荷莲豆

识别特征：一年生草本，长60～90厘米。叶片卵状心形，顶端凸尖，具3～5基出脉。聚伞花序顶生，花瓣白色，倒卵状楔形。蒴果。花期4～10月份，果期6～12月份。

产地与生境：主产于我国中南部，常生于海拔200～2400米的山谷、杂木林缘。日本、印度、斯里兰卡、阿富汗及非洲南部也有分布。

食用部位：嫩茎叶。

食用方法：嫩茎叶洗净后可用于做汤或炒食。

038 球序卷耳 *Cerastium glomeratum*

科属：石竹科卷耳属

识别特征：一年生草本，高10～20厘米。茎下部叶叶片匙形，上部茎生叶叶片倒卵状椭圆形，顶端急尖，基部渐狭成短柄状。聚伞花序，花瓣5，白色。蒴果。花期3～4月份，果期5～6月份。

产地与生境：产于我国山东、江苏、浙江、湖北、湖南、江西、福建、云南、西藏。常生于山坡草地。世界各地几乎都有分布。

食用部位：嫩茎叶。

食用方法：嫩茎叶洗净用开水稍焯（烫）后可炒食或做馅。

039　番杏 *Tetragonia tetragonioides*

科属：番杏科番杏属

识别特征：一年生肉质草本，高40～60厘米。叶片卵状菱形或卵状三角形，边缘波状。花单生或2～3朵簇生叶腋，花黄色。坚果陀螺形。花果期8～10月份。

产地与生境：产于我国江苏、浙江、福建、台湾、广东等地，常生于海边。日本、亚洲南部、大洋洲、南美洲也有分布。

食用部位：嫩茎叶。

食用方法：嫩茎叶洗净后可直接炒食，或用开水稍焯（烫）沥水后凉拌。

040 马齿苋 *Portulaca oleracea*

科属：马齿苋科马齿苋属

别名：马苋菜、猪肥菜

识别特征：一年生草本。叶互生，有时近对生，叶片扁平，肥厚，倒卵形，顶端圆钝或平截，有时微凹，基部楔形。花瓣5，稀4，黄色。蒴果。花期5～8月份，果期6～9月份。

产地与生境：我国南北各地均产，生于菜园、农田、路旁。广泛分布在全世界温带和热带地区。

食用部位：嫩茎叶。

食用方法：味酸，嫩茎叶清水洗后可直接炒食或做汤，或开水稍焯（烫）后沥水凉拌。

041　土人参 *Talinum paniculatum*

科属：马齿苋科土人参属

别名：栌兰、假人参

识别特征：一年生或多年生草本，高30～100厘米。叶互生或近对生，叶片稍肉质，倒卵形或倒卵状长椭圆形。圆锥花序，花瓣粉红色或淡紫红色。蒴果近球形。花期6～8月份，果期9～11月份。

产地与生境：原产于热带美洲，我国中部和南部均有栽植，有的逸为野生。

食用部位：嫩茎叶。

食用方法：嫩茎叶洗净后可与肉炒食，可开水稍焯晕（烫）后凉拌。

042　金荞麦 *Fagopyrum cymosum*

科属：蓼科荞麦属

别名：苦荞头

识别特征：多年生草本。叶三角形，顶端渐尖，基部近戟形，边缘全缘。花序伞房状，顶生或腋生花被5深裂，白色。瘦果。花期7～9月份，果期8～10月份。

产地与生境：产于我国陕西、华东、华中、华南及西南，常生于海拔250～3200米的山谷湿地、山坡灌丛。印度、尼泊尔、越南、泰国也有分布。

食用部位：嫩茎叶。

食用方法：嫩茎叶洗净后切细，可炒食或做汤。

043 酸模 *Rumex acetosa*

科属：蓼科酸模属

别名：遏蓝菜

识别特征：多年生草本，高40～100厘米。基生叶和茎下部叶箭形，茎上部叶较小。花序狭圆锥状，花单性，雌雄异株，花被片6。瘦果。花期5～7月份，果期6～8月份。

产地与生境：产于我国南北各地区。常生于海拔400～4100米的山坡、林缘、沟边、路旁。朝鲜、日本、俄罗斯、欧洲及美洲也有分布。

食用部位：嫩茎叶。

食用方法：嫩茎叶用开水稍焯（烫）后，再用清水漂洗目的是去掉茎叶中的（草酸盐），凉拌或炒食。

044　皱叶酸模 *Rumex crispus*

科属：蓼科酸模属

识别特征：多年生草本，高50～120厘米。基生叶披针形或狭披针形，茎生叶较小狭披针形。花序狭圆锥状，花两性，淡绿色，花被片6。瘦果。花期5～6月份，果期6～7月份。

产地与生境：产于我国东北、西北、山东、河南、湖北、四川、贵州及云南。常生于海拔30～2500米的河滩、沟边湿地。蒙古、朝鲜、日本、欧洲及北美洲也有分布。

食用部位：嫩茎叶。

食用方法：嫩茎叶洗净后用开水稍焯（烫），用清水漂洗（目的是去掉茎叶中的草酸盐），凉拌或炒食。

045 羊蹄 *Rumex japonicus*

科属：蓼科酸模属

识别特征：多年生草本，高50～100厘米。基生叶长圆形或披针状长圆形，茎上部叶狭长圆形。花序圆锥状，花两性，多花轮生，花被片6，淡绿色。瘦果。花期5～6月份，果期6～7月份。

产地与生境：产于我国东北、华北、陕西、华东、华中、华南、四川及贵州，常生于海拔30～3400米的田边路旁、河滩、沟边湿地。朝鲜、日本、俄罗斯也有分布。

食用部位：嫩叶。

食用方法：嫩叶洗净后需蒸煮，再用清水浸泡后，可炒食。

046　商陆 *Phytolacca acinosa*

科属：商陆科商陆属

别名：山萝卜

识别特征：多年生草本，高0.5～1.5米。叶片薄纸质，椭圆形、长椭圆形或披针状椭圆形，顶端急尖或渐尖，基部楔形。总状花序，花被片白色、黄绿色。浆果。花期5～8月份，果期6～10月份。

产地与生境：我国除东北、内蒙古、青海外均有分布，普遍野生于海拔500～3400米的沟谷、山坡林下、林缘路旁。朝鲜、日本及印度也有分布。

食用部位：嫩茎叶。

食用方法：嫩茎叶洗净用开水烫煮3～5分钟，再用清水浸泡数小时后炒食。**根有毒，切不可食用。**

047 地肤 *Kochia scoparia*

科属：藜科地肤属

识别特征：一年生草本，高50～100厘米。叶披针形或条状披针形，先端短渐尖，基部渐狭，茎上部叶较小。花两性或雌性，花被近球形，淡绿色。胞果扁。花期6～9月份，果期7～10月份。常见栽培的园艺变型为扫帚菜*Kochia scoparia* f. *trichophylla*。

产地与生境：中国各地均产，常生于田边、路旁、荒地等处。欧洲也有分布。

食用部位：嫩苗和嫩茎叶。

食用方法：嫩苗和嫩茎叶洗净用开水稍焯（烫），再用清水浸泡后沥干，即可凉拌、炒食或做汤。

048 藜 *Chenopodium album*

科属：藜科藜属

别名：灰菜

识别特征：一年生草本，高30～150厘米。叶片菱状卵形至宽披针形，先端急尖或微钝，基部楔形至宽楔形，有时嫩叶的上面有紫红色粉。花两性，花被裂片5。花果期5～10月份。

产地与生境：分布遍及全球温带及热带，我国各地均产。常生于路旁、荒地及田间。

食用部位：幼苗、嫩茎叶。

食用方法：幼苗、嫩茎叶洗净后用开水稍焯（烫），再用清水浸泡2小时左右沥干水分，可凉拌、炒食或做汤。

对光过敏的人尽量慎吃，食用不宜过多，食用过量可能出现浮肿现象。

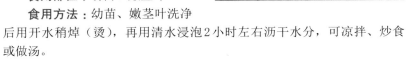

049 碱蓬 *Suaeda glauca*

科属：苋科碱蓬属

识别特征：一年生草本，高可达1米。叶丝状条形，半圆柱状。花两性兼有雌性，两性花黄绿色，雌花灰绿色。胞果。花果期7～9月份。

产地与生境：主产于我国东北、西北及山东、江苏、浙江、河南等地，常生于海滨、荒地、渠岸、田边等含盐碱的土壤上。蒙古、俄罗斯、朝鲜、日本也有分布。

食用部位：幼苗。

食用方法：幼苗清水洗净后开水稍焯（烫），可凉拌、与肉炒食或做汤。

050 锦绣苋 *Alternanthera bettzickiana*

科属：苋科莲子草属

别名：红莲子草，市场上俗称泰国枸杞。

识别特征：多年生草本，高20～50厘米。叶片矩圆形、矩圆倒卵形或匙形，边缘皱波状，绿色或红色，或部分绿色，杂有红色或黄色斑纹。头状花序，花被片白色。花期8～9月份。

产地与生境：原产于巴西，现我国各大城市均有栽培。

食用部位：嫩茎叶。

食用方法：嫩茎叶洗净，可直接炒食、做汤、凉拌。

051 莲子草 *Alternanthera sessilis*

科属：苋科莲子草属

别名：虾钳菜

识别特征：多年生草本，高10～45厘米。叶片形状及大小有变化，条状披针形、矩圆形、倒卵形、卵状矩圆形。头状花序1～4个，花被片白色。胞果倒心形。花期5～7月份，果期7～9月份。

产地与生境：产于我国中部及南部，常生在村庄附近的草坡、水沟、田边或沼泽、海边潮湿处。东南亚也有分布。

食用部位：嫩茎叶。

食用方法：嫩茎叶开水稍焯（烫）后可炒食。

052 青葙 *Celosia argentea*

科属：苋科青葙属

识别特征：一年生草本，高0.3～1米。叶披针形至椭圆状披针形，顶端急尖或渐尖，基部渐狭。穗状花序，花密生，白色或浅红色。胞果。花果期5～10月份。

产地与生境：我国南北各地区均有分布，常生于平原或低山地区的田边、旷野、村旁。非洲和美洲热带地区也有分布。

食用部位：嫩茎叶。

食用方法：嫩茎叶采摘后用清水洗净，沸水稍焯（烫）后再用清水漂洗去苦味，可凉拌、炒食或做汤。

053 凹头苋 *Amaranthus blitum*

科属：苋科苋属

识别特征：一年生草本，高10～30厘米。叶片卵形或菱状卵形，顶端凹缺，有1芒尖，或微小不显，基部宽楔形，全缘或稍呈波状。花腋生，花被片矩圆形或披针形。胞果。花期7～8月份，果期8～9月份。

产地与生境：我国除内蒙古、宁夏、青海、西藏外广泛分布，常生在田野、人家附近的杂草地上。日本、欧洲、非洲北部及南美洲也有分布。

食用部位：嫩苗和嫩茎叶。

食用方法：嫩苗和嫩茎叶洗净后用开水稍焯（烫），沥水后可凉拌、炒食或做汤。

054　老鸦谷 *Amaranthus cruentus*

科属：苋科苋属

别名：繁穗苋

识别特征：一年生草本，高达1.5米。叶片菱状卵形或菱状披针形，顶端短渐尖或圆钝，基部宽楔形。圆锥花序直立或以后下垂，花被片红色。胞果。花期6～7月份，果期9～10月份。

产地与生境：我国各地均有栽培或野生，平地到海拔2150米处均可生长。全世界广泛分布。

食用部位：嫩苗和嫩茎叶。

食用方法：嫩苗和嫩茎叶洗净后用开水焯（烫）1～2分钟，捞出沥水，可凉拌、炒食。

055 反枝苋 *Amaranthus retroflexus* var. *retroflexus*

科属：苋科苋属

识别特征：一年生草本，高20～80厘米，有时高达1米多。叶片菱状卵形或椭圆状卵形，顶端锐尖或尖凹，基部楔形。圆锥花序，花被片白色。胞果。花期7～8月份，果期8～9月份。

产地与生境：产于我国东北、内蒙古、河北、山东、山西、河南、陕西、甘肃、宁夏、新疆，常生在田园内、农地旁、人家附近的草地上。原产于美洲热带。

食用部位：嫩苗、嫩茎叶。

食用方法：嫩苗、嫩茎叶洗净后用开水焯（烫）1～2分钟，沥干水分后可炒食、凉拌或做汤。

056 刺苋 *Amaranthus spinosus*

科属：苋科苋属

识别特征：一年生草本，高30～100厘米。叶片菱状卵形或卵状披针形，顶端圆钝，基部楔形。圆锥花序，花被片绿色。胞果。花果期7～11月份。

产地与生境：主产于我国中南部，常生在旷地。日本、东南亚、美洲等地均有分布。

食用部位：嫩苗、嫩茎叶。

食用方法：嫩苗、嫩茎叶洗净后用开水焯（烫）1～2分钟，捞出沥干后可炒食、凉拌或做汤。

057 苋 *Amaranthus tricolor*

科属：苋科苋属

别名：老来少

识别特征：一年生草本，高80～150厘米。叶片卵形、菱状卵形或披针形，绿色或常成红色，紫色或黄色，或部分绿色加杂其他颜色。花簇腋生，花被片绿色或黄绿色。胞果。花期5～8月份，果期7～9月份。

产地与生境：全国各地均有栽培，有时逸为半野生。原产于印度。

食用部位：茎叶、嫩苗。

食用方法：茎叶、嫩苗洗净后用开水焯（烫）1～2分钟后，可凉拌、炒食或做汤。

058 皱果苋 *Amaranthus viridis*

科属：苋科苋属

别名：绿苋

识别特征：一年生草本，高40～80厘米。叶片卵形、卵状矩圆形或卵状椭圆形。圆锥花序顶生，花被片矩圆形或宽倒披针形。胞果。花期6～8月份，果期8～10月份。

产地与生境：产于我国东北、华北、陕西、华东、华南、云南。常生在人家附近的杂草地上或田野间。原产于热带非洲。

食用部位：嫩茎叶。

食用方法：嫩茎叶洗净后用开水焯（烫）1～2分钟，捞出沥干，可与肉炒食或凉拌，也可做汤。

059 落葵薯 *Anredera cordifolia*

科属：落葵科落葵属

别名：藤三七

识别特征：缠绕藤本，长可达数米。叶片卵形至近圆形，顶端急尖，基部圆形或心形，稍肉质，腋生小块茎（珠芽）。总状花序，花被片白色，渐变黑。花期6～10月份。

产地与生境：原产于南美洲热带地区，我国南部在部分地区逸生。

食用部位：嫩叶。

食用方法：嫩叶洗净，可炒食或用开水焯（烫）1～2分钟后凉拌。

060 落葵 *Basella alba*

科属：落葵科落葵属

别名：木耳菜

识别特征：一年生缠绕草本，茎长可达数米。叶片卵形或近圆形，顶端渐尖，基部微心形或圆形。穗状花序腋生，花被片淡红色或淡紫色。果实球形。花期5～9月份，果期7～10月份。

产地与生境：原产于亚洲热带地区。我国南北各地均有种植，南方有逸为野生的。

食用部位：嫩茎叶。

食用方法：嫩茎叶洗净后可炒食或做汤。

061 节节菜 *Rotala indica*

科属：千屈菜科节节菜属

识别特征：一年生草本。叶对生，倒卵状椭圆形或矩圆状倒卵形，顶端近圆形或钝形而有小尖头。花小，花瓣4，淡红色。蒴果。花期9～10月份，果期10月至次年4月。

产地与生境：产于我国广东、广西、湖南、江西、福建、浙江、江苏、安徽、湖北、陕西、四川、贵州、云南等地区；常生于稻田中或湿地上。东南亚、日本至俄罗斯等地也有分布。

食用部位：嫩苗及嫩茎叶。

食用方法：嫩苗及嫩茎叶去杂洗净，开水稍焯（烫）后，可炒食、做汤或凉拌。

062 圆叶节节菜 *Rotala rotundifolia*

科属：千屈菜科节节菜属

别名：过塘蛇

识别特征：一年生草本，高5～30厘米。叶对生，近圆形、阔倒卵形或阔椭圆形。花单生，组成顶生稠密的穗状花序，花极小，花瓣4，淡紫红色。蒴果。花果期12月至次年6月。

产地与生境：产于我国广东、广西、福建、台湾、浙江、江西、湖南、湖北、四川、贵州、云南等地，常生于水田或潮湿的地方。东南亚及日本也有分布。

食用部位：嫩茎叶。

食用方法：嫩茎叶去杂洗净，开水稍焯（烫）后，可凉拌、炒食或做汤。

063 柳兰 *Chamerion angustifolium*

科属：柳叶菜科柳兰属

识别特征：多年生粗壮草本，茎高20～130厘米。叶螺旋状互生，茎下部的叶近膜质，披针状长圆形至倒卵形，中上部的叶近革质，线状披针形或狭披针形。总状花序，粉红至紫红色，稀白色。蒴果。花期6～9月份，果期8～10月份。

产地与生境：产于我国黑龙江、吉林、内蒙古、河北、山西、宁夏、甘肃、青海、新疆、四川、云南、西藏，常生于海拔500～4700米的山区草坡、灌木丛、火烧迹地、高山草甸、河滩、砾石坡。广泛分布于北温带与寒带地区。

食用部位：嫩苗。

食用方法：嫩苗洗净后用开水稍焯（烫），可做沙拉凉菜，或炒食、煲汤。

064 柳叶菜 *Epilobium hirsutum*

科属：柳叶菜科柳叶菜属

别名：鸡脚参

识别特征：多年生粗壮草本，茎高25～250厘米。叶草质，对生，叶披针状椭圆形至狭倒卵形或椭圆形，稀狭披针形。总状花序，花玫瑰红色或粉红、紫红色。蒴果。花期6～8月份，果期7～9月份。

产地与生境：广泛分布于我国温带与热带地区，常生于海拔150～3500米的河谷、溪流河床沙地或石砾地等处。广泛分布于欧亚大陆与非洲。

食用部位：嫩苗及嫩叶。

食用方法：嫩苗及嫩叶洗净，开水稍焯（烫）后可做沙拉凉菜、炒食或做汤。

065 甜麻 *Corchorus aestuans*

科属：椴树科黄麻属

别名：假黄麻

识别特征：一年生草本，高约1米。叶卵形或阔卵形，顶端短渐尖或急尖，基部圆形。花单独或数朵组成聚伞花序，花瓣5片，黄色。蒴果。花期夏季。

产地与生境：产于我国长江以南各地区，常生于荒地、旷野、村旁。亚洲热带、中美洲及非洲也有分布。

食用部位：嫩叶、幼苗。

食用方法：嫩叶、幼苗去杂洗净，开水稍焯（烫）后用清水浸泡漂洗，沥干后可凉拌、炖汤或炒食。

066 黄麻 *Corchorus capsularis*

科属：椴树科黄麻属

识别特征：直立木质草本，高1～2米。叶纸质，卵状披针形至狭窄披针形，先端渐尖，基部圆形。花单生或数朵排成腋生聚伞花序，花瓣黄色。花期夏季，果秋后成熟。

产地与生境：我国长江以南各地广泛栽培，亦有见于荒野呈野生状态。原产于亚洲热带。

食用部位：嫩叶。

食用方法：嫩叶洗净，可与肉同炒或做汤。

067 野葵 *Malva verticillata*

科属：锦葵科锦葵属

别名：棋盘菜

识别特征：二年生草本，高50～100厘米。叶肾形或圆形，通常为掌状5～7裂，裂片三角形，具钝尖头，边缘具钝齿。花3至多朵簇生于叶腋，花淡白色至淡红色。果扁球形。花期3～11月份。

产地与生境：产于全国各地区，东南亚、朝鲜及欧洲等地均有分布。

食用部位：嫩苗、嫩叶。

食用方法：嫩苗、嫩叶用清水洗净，可用于做汤或炒食。

068 白脚桐棉 *Thespesia lampas*

科属：锦葵科桐棉属

别名：肖槿

识别特征：常绿灌木，高1～2米。叶卵形至掌状3裂，先端渐尖，基部圆形至近心形，两侧裂片浅裂。花单生，花冠钟形，黄色。蒴果椭圆形。花期9月至翌年1月。

产地与生境：产于我国云南、广西、海南等地。在低海拔暖热山地的灌丛中常见。东南亚也有分布。

食用部位：嫩叶芽和花。

食用方法：嫩叶芽和花洗净后用开水焯（烫）1～2分钟，可炒食。

069 扁核木 *Prinsepia utilis*

科属：蔷薇科扁核木属

别名：青刺尖

识别特征：灌木，高1～5米。叶片长圆形或卵状披针形，先端急尖或渐尖，基部宽楔形或近圆形，全缘或有浅锯齿。花多数呈总状花序，花瓣白色。核果。花期4～5月份，果熟期8～9月份。

产地与生境：产于我国云南、贵州、四川、西藏，常生于海拔1000～2560米的山坡、荒地、山谷或路旁等处。巴基斯坦、尼泊尔、不丹和印度也有分布。

食用部位：嫩尖。

食用方法：嫩尖去杂洗净，用开水焯烫1～2分钟，再用清水浸泡漂洗沥干，可凉拌、炖汤、炒食。

070　地榆 *Sanguisorba officinalis*

科属：蔷薇科地榆属

别名：黄瓜香

识别特征：多年生草本，高30～120厘米。基生叶为羽状复叶，有小叶4～6对，茎生叶较少，小叶片长圆形至长圆披针形。穗状花序，萼片4枚，紫红色。果实包藏在宿存萼筒内。花果期7～10月份。

产地与生境：产于我国大部分地区，常生于海拔30～3000米的草原、草甸、山坡草地、灌丛中、疏林下。广泛分布于欧亚北温带。

食用部位：嫩叶、嫩茎。

食用方法：嫩叶、嫩茎叶具清香，用开水焯（烫）1～2分钟后，再用清水浸泡去苦味，可炒食、做汤或用于调味。

071 假升麻 *Aruncus sylvester*

科属：蔷薇科假升麻属

别名：棣棠升麻

识别特征：多年生草本，高1～3米。大型羽状复叶，通常二回稀三回，小叶片3～9片，菱状卵形、卵状披针形或长椭圆形。大型穗状圆锥花序，花瓣倒卵形，白色。蓇葖果并立。花期6月份，果期8～9月份。

产地与生境：产于我国东北、河南、甘肃、陕西、湖南、江西、安徽、浙江、四川、云南、广西、西藏。常生于海拔1800～3500米的山沟、山坡杂木林下。也分布于俄罗斯、日本、朝鲜等地。

食用部位：嫩茎叶。

食用方法：嫩茎叶洗净后用开水焯（烫）1～2分钟，清水漂洗挤干，可炒食。

072　龙牙草 *Agrimonia pilosa*

科属：蔷薇科龙牙草属

别名：仙鹤草

识别特征：多年生草本，茎高30～120厘米。叶为奇数羽状复叶，通常有小叶3～4对，稀2对，向上减少至3小叶，倒卵形，倒卵椭圆形或倒卵披针形。花序穗状总状顶生，花瓣黄色。果实倒卵圆锥形。花果期5～12月份。

产地与生境：我国南北各地区均产。常生于海拔100～3800米的溪边、路旁、草地、灌丛、林缘及疏林下。欧洲、俄罗斯、蒙古、朝鲜、日本和越南北部均有分布。

食用部位：嫩茎叶

食用方法：嫩茎叶洗净后用开水焯（烫）1～2分钟，再用清水浸泡去苦味后可炒食。

073 路边青 *Geum aleppicum*

科属：蔷薇科路边青属

别名：水杨梅

识别特征：多年生草本，高30～100厘米。基生叶为大头羽状复叶，通常有小叶2～6对，顶生小叶最大，茎生叶羽状复叶，有时重复分裂，向上小叶逐渐减少。花序顶生，花瓣黄色。聚合果。花果期7～10月份。

产地与生境：产于我国东北、西南、西北及华中等地，常生于海拔200～3500米的山坡草地、沟边、地边、河滩、林间隙地及林缘。广泛分布于北半球温带及暖温带。

食用部位：嫩茎叶。

食用方法：嫩茎叶洗净后用开水焯（烫）1～2分钟，再用清水漂洗，可炒食。

074 柔毛水杨梅 *Geum japonicum* var. *chinense*

科属：蔷薇科路边青属

别名：柔毛路边青

识别特征：多年生草本，高25～60厘米。基生叶为大头羽状复叶，通常有小叶1～2对，顶生小叶最大，下部茎生叶3小叶，上部茎生叶单叶，3浅裂。花序疏散，花瓣黄色。聚合果。花果期5～10月份。

产地与生境：主产于我国中部及南部，常生于海拔200～2300米的山坡草地、田边、河边、灌木丛及疏林下。

食用部位：嫩茎叶。

食用方法：嫩茎叶洗净焯（烫）1～2分钟，然后用清水漂洗挤干，可用于炖肉、炒肉。

075 蕨麻 *Potentilla anserina*

科属：蔷薇科委陵菜属

别名：鹅绒委陵菜

识别特征：多年生草本。基生叶为间断羽状复叶，有小叶6～11对，小叶片通常椭圆形、倒卵椭圆形或长椭圆形，茎生叶与基生叶相似。单花腋生，花瓣黄色。花期夏季。

产地与生境：主产于北温带，常生于海拔500～4100米的河岸、路边、山坡草地及草甸。南美洲、大洋洲等均有分布。

食用部位：嫩苗及块根。

食用方法：嫩苗洗净，开水焯（烫）1～2分钟后清水浸泡去除苦味，可炒食。块根可生食或炖肉。

076 委陵菜 *Potentilla chinensis*

科属：蔷薇科委陵菜属

别名：萎陵菜

识别特征：多年生草本，高20～70厘米。基生叶为羽状复叶，有小叶5～15对，小叶长圆形、倒卵形或长圆披针形，边缘羽状中裂，茎生叶与基生叶相似。伞房状聚伞花序，花瓣黄色。花果期4～10月份。

产地与生境：产于我国大部分地区，常生于海拔400～3200米的山坡草地、沟谷、林缘、灌丛或疏林下。俄罗斯、日本、朝鲜均有分布。

食用部位：嫩苗或嫩茎叶。

食用方法：嫩苗或嫩茎叶洗净后用开水焯（烫）1～2分钟，可煮汤或与肉炒食。

077　翻白草 *Potentilla discolor*

科属：蔷薇科委陵菜属

别名：翻白萎陵菜

识别特征：多年生草本，高10～45厘米。基生叶有小叶2～4对，小叶片长圆形或长圆披针形，顶端圆钝，茎生叶1～2片，有掌状3～5个小叶。聚伞花序，花瓣黄色。瘦果。花果期5～9月份。

产地与生境：产于我国大部分省区，常生于海拔100～1850米的荒地、山谷、沟边、山坡草地、草甸及疏林下。日本、朝鲜也有分布。

食用部位：嫩苗。

食用方法：嫩苗洗净后用开水焯（烫）熟，再用清水浸泡半天去除苦味，可凉拌、与肉炒食或做汤。

078 羽叶金合欢 *Acacia pennata*

科属：含羞草科金合欢属

别名：臭菜、蛇藤

识别特征：攀援、多刺藤本。复叶，羽片8～22对，小叶30～54对，线形，先端稍钝，基部截平。头状花序圆球形，单生或2～3个聚生，排成腋生或顶生的圆锥花序。果带状。花期3～10月份，果期7月至翌年4月。

产地与生境：产于我国云南、广东、福建，多生于低海拔的疏林中。亚洲和非洲的热带地区广泛分布。

食用部位：嫩芽及茎叶。

食用方法：嫩芽及茎叶洗净沥水，可用于煎鸡蛋、烧鱼、炒苦笋，也可用开水焯（烫）3～5分钟后凉拌。

079 铁刀木 *Senna siamea*

科属：苏木科决明属

别名：黑心树

识别特征：乔木，高约10米。复叶，叶长20～30厘米，小叶对生，6～10对，革质，顶端圆钝，基部圆形。总状花序，花瓣黄色。荚果。花期10～11月份；果期12月至翌年1月。

产地与生境：我国除云南有野生外，南方各地区均有栽培。印度、缅甸、泰国有分布。

食用部位：嫩叶与花。

食用方法：嫩叶洗净后用开水焯（烫）2～3分钟，再用清水漂洗去除部分苦味，可蘸酱食用或炒食。鲜花用开水稍焯（烫）后可凉拌食用。

080　白车轴草 *Trifolium repens*

科属：蝶形花科车轴草属

别名：白三叶

识别特征：短期多年生草本，高10～30厘米。掌状三出复叶，小叶倒卵形至近圆形，先端凹头至钝圆，基部楔形。花序球形，顶生，花冠白色、乳黄色或淡红色。荚果。花果期5～10月份。

产地与生境：原产于欧洲和北非，我国常见于种植，并在湿润草地、河岸、路边呈半自生状态。

食用部位：嫩叶。

食用方法：嫩叶洗净后可做汤。

081 紫云英 *Astragalus sinicus*

科属：蝶形花科黄芪属

识别特征：二年生草本，高10～30厘米。奇数羽状复叶，具7～13片小叶，小叶倒卵形或椭圆形，先端钝圆或微凹，基部宽楔形。总状花序生5～10朵花，花冠紫红色或橙黄色。荚果。花期2～6月份，果期3～7月份。

产地与生境：产于我国长江流域各地区，常生于海拔400～3000米间的山坡、溪边及潮湿处。

食用部位：嫩茎叶。

食用方法：嫩茎叶洗净后用开水稍焯（烫），可凉拌、炒食，或做汤。

082 天蓝苜蓿 *Medicago lupulina*

科属：蝶形花科苜蓿属

别名：天蓝

识别特征：一、二年生或多年生草本，高15～60厘米。羽状三出复叶，小叶倒卵形、阔倒卵形或倒心形，先端多稍微截平或微凹，基部楔形。花序小头状，花冠黄色。荚果。花期7～9月份，果期8～10月份。

产地与生境：产于我国南北各地，常见于河岸、路边、田野及林缘。欧亚大陆广泛分布。

食用部位：嫩茎叶。

食用方法：嫩茎叶洗净后可炒食、做汤，也可腌渍后食用。

083 南苜蓿 *Medicago polymorpha* var. *vulgaris*

科属：蝶形花科苜蓿属

识别特征：一、二年生草本，高20～90厘米。羽状三出复叶，小叶倒卵形或三角状倒卵形，几乎等大。花序头状伞形，具花1～10朵，花冠黄色。荚果。花期3～5月份，果期5～6月份。

产地与生境：产于我国长江流域以南各地区以及陕西、甘肃、贵州、云南。常栽培或呈半野生状态。欧洲南部、西南亚、非洲均有分布。

食用部位：嫩茎叶。

食用方法：嫩茎叶洗净后用开水焯烫1～2分钟，可凉拌、清炒或做汤。

084 紫苜蓿 *Medicago sativa*

科属：蝶形花科苜蓿属

别名：苜蓿

识别特征：多年生草本，高30～100厘米。羽状三出复叶，小叶长卵形、倒长卵形至线状卵形，几乎等大。花序总状或头状，花冠淡黄、深蓝至暗紫色。荚果。花期5～7月份，果期6～8月份。

产地与生境：全国各地都有栽培或呈半野生状态，常生于田边、路旁、旷野、草原、河岸及沟谷等地。

食用部位：嫩苗或嫩茎叶。

食用方法：嫩苗或嫩茎叶洗净后用开水焯（烫）1～2分钟，可凉拌、炒食或做汤。

085 山野豌豆 *Vicia amoena*

科属：蝶形花科野豌豆属

别名：大巢菜

识别特征：多年生草本，高
30～100厘米。偶数羽状复叶，小
叶4～7对，互生或近对生，椭圆
形至卵状披针形。总状花序，花冠
红紫色、蓝紫色或蓝色。荚果。花
期4～6月份，果期7～10月份。

产地与生境：产于我国东北、华北、陕西、甘肃、宁夏、河南、湖
北、山东、江苏、安徽等地。常生于海拔80～7500米的草甸、山坡、灌
丛或杂木林中。俄罗斯、朝鲜、日本、蒙古亦有分布。

食用部位：嫩苗及嫩茎叶。

食用方法：嫩苗及嫩茎叶洗净后用沸水稍焯（烫），用清水浸泡后沥
干，可炒食或做汤。

086 救荒野豌豆 *Vicia sativa*

科属：蝶形花科野豌豆属

别名：大巢菜

识别特征：一年生或二年生草本，高15～105厘米。偶数羽状复叶，小叶2～7对，长椭圆形或近心形，先端圆或平截有凹，基部楔形。花冠紫红色或红色。荚果。花期4～7月份，果期7～9月份。

产地与生境：全国各地均产，常生于海拔50～3000米的荒山、田边草丛及林中。原产于欧洲南部、亚洲西部。

食用部位：嫩茎叶。

食用方法：春夏采摘嫩茎叶洗净，开水稍焯（烫）后可炒食、做汤。

087 野豌豆 *Vicia sepium*

科属：蝶形花科野豌豆属

别名：滇野豌豆

识别特征：多年生草本，高30～100厘米。偶数羽状复叶，小叶5～7对，长卵圆形或长圆状披针形。短总状花序，花2～6朵腋生，花冠红色或近紫色至浅粉红色，稀白色。荚果。花期6月份，果期7～8月份。

产地与生境：产于我国西北、西南各地区，常生于海拔1000～2200米的山坡、林缘草丛。俄罗斯、朝鲜、日本亦有分布。

食用部位：嫩茎叶。

食用方法：嫩茎叶洗净后炒食，或用开水稍焯（烫）后凉拌，也可炖汤。

088 四籽野豌豆 *Vicia tetrasperma*

科属：蝶形花科野豌豆属

别名：小乔菜

识别特征：一年生缠绕草本，高20～60厘米。偶数羽状复叶，小叶2～6对，长圆形或线形，先端圆，基部楔形。总状花序，花冠淡蓝色或带有蓝、紫白色。荚果。花期3～6月份，果期6～8月份。

产地与生境：产于我国陕西、甘肃、新疆、华东、华中及西南等地，常生于海拔50～1950米的山谷、草地阳坡。欧洲、北美洲、北非亦有分布。

食用部位：嫩茎叶。

食用方法：嫩茎叶用清水洗净后可炒食、做汤等。

089 歪头菜 *Vicia unijuga*

科属：蝶形花科野豌豆属

识别特征：多年生草本，高 15～180厘米。小叶一对，卵状披针形或近菱形，先端渐尖，边缘具小齿状，基部楔形。总状花序，花萼紫色，花冠蓝紫色、紫红色或淡蓝色。荚果。花期6～7月份，果期8～9月份。

产地与生境：产于我国东北、华北、华东、西南，常生于低海拔至4000米的山地、林缘、草地、沟边及灌丛。朝鲜、日本、蒙古、俄罗斯均有分布。

食用部位：嫩茎叶。

食用方法：嫩茎叶洗净，用开水稍焯（烫），挤干水分后可凉拌，也可用于炒蛋、做汤等。

090 大果榕 *Ficus auriculata*

科属：桑科榕属

别名：木瓜榕

识别特征：乔木或小乔木，高4～10米。叶互生，厚纸质，广卵状心形。榕果簇生于树干基部或老茎短枝上，梨形或扁球形或陀螺形，雄花花被片3，雌花生于另一植株榕果内，花被片3裂，较瘿花花柱长。瘦果。花期8月份至翌年3月份，果期5～8月份。

产地与生境：产于我国海南、广西、云南、贵州、四川等地，喜生于低山沟谷潮湿雨林中。印度、越南、巴基斯坦也有分布。

食用部位：嫩茎叶尖及果实。

食用方法：嫩茎叶洗净后用沸水焯（烫）3～5分钟，可炒食，果实成熟后可生食。

091 硬皮榕 *Ficus callosa*

科属：桑科榕属

别名：厚皮榕

识别特征：高大乔木，高25～35米。叶革质，广椭圆形或卵状椭圆形，先端钝或具短尖，基部圆形至宽楔形。榕果单生或成对生叶腋，梨状椭圆形，雄花两型，花被片3～5，瘿花和雌花相似，上部深裂3～5裂。花期秋季。

产地与生境：产于我国广东、云南，常见于海拔600～800米的林内或林缘。东南亚也有分布。

食用部位：嫩茎叶。

食用方法：嫩茎叶洗净后用开水焯（烫）3～5分钟后用清水浸泡，挤干水分后即可炒食或做汤。

092 苹果榕 *Ficus oligodon*

科属：桑科榕属

识别特征：小乔木，高5～10米。叶互生，纸质，倒卵椭圆形或椭圆形。榕果梨形或近球形，成熟深红色，雄花花被薄膜质，顶端2裂，瘿花花被合生，雌花花被3裂。花期9月份至翌年4月份，果期5～6月份。

产地与生境：产于我国海南、广西、贵州、云南、西藏，喜生于低海拔的山谷、沟边、湿润土壤地区。东南亚也有分布。

食用部位：嫩茎叶及果实。成熟时果实深红色，味甜可食。

食用方法：嫩茎叶洗净后用开水焯（烫）3～5分钟，用清水浸泡，挤干水分即可炒食或做汤。果实成熟后可生食。

093 黄葛树 *Ficus virens*

科属：桑科榕属

别名：大叶榕、酸苞苞

识别特征：落叶或半落叶乔木。叶薄革质或皮纸质，卵状披针形至椭圆状卵形，先端短渐尖，基部钝圆或楔形至浅心形，全缘。榕果单生或成对腋生或簇生于已落叶枝的叶腋，球形，成熟时紫红色。雄花、瘿花、雌花生于同一榕果内。瘦果。花期5～8月份。

产地与生境：产于我国云南、广东、海南、广西、福建、台湾、浙江，亚洲南部及澳大利亚北部均有分布。

食用部位：嫩芽。

食用方法：嫩芽洗净后可直接蘸佐料食用，或开水焯（烫）3～5分钟后炒食。

094 桑 *Morus alba*

科属：桑科桑属

识别特征：乔木或为灌木，高3～10米或更高。叶卵形或广卵形，先端急尖、渐尖或圆钝，基部圆形至浅心形，边缘锯齿粗钝。花单性，雄花序下垂，花淡绿色，雌花无梗。聚花果，成熟时红色或暗紫色。花期4～5月份，果期5～8月份。

产地与生境：原产于我国中部和北部。

食用部位：叶及果实。

食用方法：新鲜桑叶洗净，可用于煲汤，或用开水焯熟用清水漂洗后凉拌。果实成熟后清洗干净后可直接食用。

095 花椒 *Zanthoxylum bungeanum*

科属：芸香科花椒属

别名：蜀椒

识别特征：高3～7米的落叶小乔木。叶有小叶5～13片，小叶对生，无柄，卵形、椭圆形，稀披针形。花序顶生或生于侧枝之顶，花被片6～8片，黄绿色。果紫红色。花期4～5月份，果期8～9月份或10月份。

产地与生境：产地北起我国东北南部，南至五岭北坡，东南至江苏、浙江沿海地带，西南至西藏东南部，常生于平原至海拔较高的山地。

食用部位：嫩芽、果实。

食用方法：嫩芽洗净后用开水焯（烫）2～3分钟，然后用清水浸泡沥干，可炒食、凉拌。果用于菜肴调味。

096　香椿 *Toona sinensis*

科属：楝科香椿属

别名：椿

识别特征：乔木。偶数羽状复叶，小叶16～20片，对生或互生，纸质，卵状披针形或卵状长椭圆形。圆锥花序，多花，花瓣5，白色。蒴果。花期6～8月份，果期10～12月份。

产地与生境：产于我国华北、华东、华中、华南和西南各地区，常生于山地杂木林或疏林中。朝鲜也有分布。

食用部位：幼芽及嫩茎叶。

食用方法：幼芽及嫩茎叶洗净后用开水焯（烫）1～2分钟（可防止过敏），即可炒肉、炒蛋等，凉拌需将幼芽、嫩茎叶煮熟，也可开水焯（烫）1～2分钟后沥干水分腌制2周后食用。

097 黄连木 *Pistacia chinensis*

科属：漆树科黄连木属

识别特征：落叶乔木，高达20余米。奇数羽状复叶互生，有小叶5～6对，小叶对生或近对生，披针形或卵状披针形或线状披针形。花单性异株，雄花花被片2～4，雌花花被片7～9。核果。花期3～4月份，果期5～9月份。

产地与生境：产于我国长江以南各地区及华北、西北，常生于海拔140～3550米的石山林中。菲律宾亦有分布。

食用部位：幼梢及嫩叶。

食用方法：幼梢及嫩叶洗净后用开水焯熟，再用清水漂洗，即可炒食。

098 刺楸 *Kalopanax septemlobus*

科属：五加科刺楸属

识别特征：落叶乔木，高约10米，最高可达30米。叶片纸质，圆形或近圆形，掌状5～7裂，边缘有细锯齿。伞形花序，有花多数，花白色或淡绿黄色。果实球形。花期7～10月份，果期9～12月份。

产地与生境：我国广泛分布，多生于阳性森林、灌木林中和林缘，垂直分布海拔自数十米起至2500米。朝鲜、俄罗斯和日本也有分布。

食用部位：嫩芽。

食用方法：嫩芽洗净后用开水焯（烫）1～2分钟，即可炒食或做汤。

099 刺通草 *Trevesia palmata*

科属：五加科刺通草属

别名：广叶茇

识别特征：常绿小乔木，高3～8米。叶为单叶，叶片大，革质，掌状深裂，裂片5～9，边缘有大锯齿，幼树的叶掌状深裂更深，类似掌状复叶。圆锥花序大，花淡黄绿色。果实卵球形。花期10月份，果期次年5～7月份。

产地与生境：分布于我国云南、贵州、广西，常生于海拔1300～1900米的森林中。东南亚也有分布。

食用部位：嫩芽。

食用方法：嫩芽洗净后用开水焯（烫）2～3分钟，沥水，可与肉炒食，如凉拌须焯熟。

100　东北土当归 *Aralia continentalis*

科属：五加科楤木属

别名：长白楤木

识别特征：多年生草本，高达1米。叶为二回或三回羽状复叶，羽片有小叶3～7个，顶生者倒卵形或椭圆状倒卵形，基部圆形至心形，侧生者长圆形或椭圆形至卵形。伞形花序，有花多数，花瓣5。果实紫黑色。花期7～8月份，果期8～9月份。

产地与生境：分布于我国吉林、辽宁、河北、河南、陕西、四川和西藏，常生于海拔800～3200米的森林下和山坡草丛中。朝鲜和俄罗斯也有分布。

食用部位：嫩芽。

食用方法：嫩芽洗净后用开水焯（烫）2～3分钟，清水浸泡后可炒食、也可盐渍食用。

101 食用土当归 *Aralia cordata*

科属：五加科楤木属

别名：土当归

识别特征：多年生草本，高0.5～3米。叶为二回或三回羽状复叶，羽片有小叶3～5片，小叶片长卵形至长圆状卵形，边缘有粗锯齿。圆锥花序大，花白色。果实紫黑色。花期7～8月份，果期9～10月份。

产地与生境：分布于我国湖北、安徽、江苏、广西、江西、福建和台湾，常生于海拔1300～1600米的林荫下或山坡草丛中。日本也有分布。

食用部位：嫩叶。

食用方法：嫩叶洗净，沸水焯（烫）2～3分钟，再用清水漂洗，沥水挤干水分，可炒食。

102　楤木 *Aralia elata*

科属：五加科楤木属

别名：刺老芽、辽东楤木、龙牙楤木

识别特征：灌木或小乔木，高1.5～6米。叶为二回或三回羽状复叶，羽片有小叶7～11，基部有小叶1对，小叶片阔卵形、卵形至椭圆状卵形。圆锥花序，花黄白色。果实黑色。花期6～8月份，果期9～10月份。

产地与生境：产于我国东北，常生于海拔约1000米的森林中。朝鲜、俄罗斯和日本也有分布。

食用部位：嫩芽。

食用方法：嫩芽洗净后用开水焯（烫）1～2分钟，再用清水浸泡，可炒食、做汤或盐渍食用。

103 刺五加 *Eleutherococcus senticosus*

科属：五加科五加属

识别特征：灌木，高1～6米。小叶5，稀3，小叶片纸质，椭圆状倒卵形或长圆形，边缘有锐利重锯齿。伞形花序单个顶生，或2～6个组成稀疏的圆锥花序，花紫黄色。果实黑色。花期6～7月份，果期8～10月份。

产地与生境：产于我国东北、河北和山西，常生于海拔数百米至2000米森林或灌丛中。朝鲜、日本和俄罗斯也有分布。

食用部位：嫩茎叶。

食用方法：嫩茎叶洗净后用开水焯（烫）1～2分钟，经清水浸泡后，炒食或做汤均宜。

104　白簕 *Eleutherococcus trifoliatus*

科属：五加科五加属

别名：三叶五加

识别特征：灌木，高1～7米。小叶3，稀4～5，小叶片纸质，稀膜质，椭圆状卵形至椭圆状长圆形，稀倒卵形。伞形花序，花黄绿色。果实扁球形。花期8～11月份，果期9～12月份。

产地与生境：广泛分布于我国中部和南部，常生于村落、山坡路旁、林缘和灌丛中。印度、越南和菲律宾也有分布。

食用部位：嫩芽。

食用方法：嫩芽洗净后用开水焯（烫）1～2分钟取出，用清水浸泡去除苦味，挤干水分可炒食或凉拌。

105　短果茴芹 *Pimpinella brachycarpa*

科属：伞形科茴芹属

别名：大叶芹

识别特征：多年生草本，高70～85厘米。叶片三出分裂，成三小叶，稀2回三出分裂，两侧的裂片卵形，顶端的裂片宽卵形，基部楔形。伞形花序，花白色。花果期6～9月份。

产地与生境：产于我国吉林、辽宁、河北、贵州，常生于海拔500～900米的河边或林缘。朝鲜、俄罗斯也有分布。

食用部位：嫩茎。

食用方法：嫩茎用清水洗净，切段后可素炒或与肉同炒。

106　积雪草 *Centella asiatica*

科属：伞形科积雪草属

别名：崩大碗

识别特征：多年生草本，茎葡匐。叶片膜质至草质，圆形、肾形或马蹄形，边缘有钝锯齿，基部阔心形。伞形花序聚生于叶腋，花瓣卵形，紫红色或乳白色。果实两侧扁压，圆球形。花果期4～10月份。

产地与生境：主产于我国中部及南部，喜生于海拔200～1900米的阴湿的草地或水沟边。东南亚、大洋洲、日本、南非也有分布。

食用部位：嫩茎叶。

食用方法：嫩茎叶洗净后用沸水稍焯（烫），用清水漂洗去除苦味后可炒食或做汤。

107 大齿山芹 *Ostericum grosseserratum*

科属：伞形科山芹属

别名：大齿当归

识别特征：多年草本，高达1米。叶片轮廓为广三角形，二至三回三出式分裂，阔卵形至菱状卵形，基部楔形。复伞形花序，花白色。花期7～9月份，果期8～10月份。

产地与生境：产于我国吉林、辽宁、河北、山西、陕西、河南、安徽、江苏、浙江、福建等地区，常生于山坡、草地、溪沟旁、林缘灌木丛中。朝鲜、日本及俄罗斯也有分布。

食用部位：幼苗、嫩茎叶。

食用方法：幼苗、嫩茎叶去杂洗净，用沸水焯（烫）1～2分钟，再用清水漂洗沥干，可凉拌、炒食或炖汤。

108 山芹 *Ostericum sieboldii*

科属：伞形科山芹属

别名：山芹菜

识别特征：多年生草本，高0.5～1.5米。基生叶及上部叶均为二至三回三出式羽状分裂，叶片轮廓为三角形，末回裂片菱状卵形至卵状披针形。复伞形花序，花瓣白色。果实长圆形至卵形。花期8～9月份，果期9～10月份。

产地与生境：产于我国东北、内蒙古、山东、江苏、安徽、浙江、江西、福建等地区，常生于海拔较高的山坡、草地、山谷、林缘和林下。朝鲜、日本和俄罗斯也有分布。

食用部位：幼苗、嫩茎叶。

食用方法：同大齿山芹。

109 水芹 *Oenanthe javanica*

科属：伞形科水芹属

别名：水芹菜、野芹菜

识别特征：多年生草本，高15～80厘米。叶片轮廓三角形，1～2回羽状分裂，末回裂片卵形至菱状披针形。复伞形花序，花瓣白色。果实近于四角状椭圆形或筒状长圆形。花期6～7月份，果期8～9月份。

产地与生境：产于我国各地，多生于浅水低洼地方或池沼、水沟旁。东南亚常见。

食用部位：嫩茎叶。

食用方法：嫩茎叶清洗干净，可与肉炒食或用于菜肴的配料，也可腌制食用。

110　东北羊角芹 *Aegopodium alpestre*

科属：伞形科羊角芹属

识别特征：多年生草本，高30～100厘米。叶片轮廓呈阔三角形，通常三出式2回羽状分裂，羽片卵形或长卵状披针形，先端渐尖，基部楔形。复伞形花序，花瓣白色。果实长圆形或长圆状卵形。花果期6～8月份。

产地与生境：产于我国东北及新疆等地区，常生于杂木林下或山坡草地。俄罗斯、蒙古、朝鲜及日本也有分布。

食用部位：嫩茎。

食用方法：嫩茎洗净后用开水焯（烫）1～2分钟，可凉拌或炒食。

111　白花酸藤果 *Embelia ribes*

科属：紫金牛科酸藤子属

别名：牛尾藤

识别特征：攀援灌木或藤本，长3～6米。叶片坚纸质，倒卵状椭圆形或长圆状椭圆形，顶端钝渐尖，基部楔形或圆形。圆锥花序，顶生，花瓣淡绿色或白色。果球形或卵形。花期1～7月份，果期5～12月份。

产地与生境：产于我国贵州、云南、广西、广东、福建，常生于海拔50～2000米的林内、林缘、路边或灌木丛中。印度以东至印度尼西亚均有分布。

食用部位：嫩茎叶。

食用方法：嫩茎叶味稍酸，洗净后可用于做鱼、煲鸡等。

112 酸苔菜 *Ardisia solanacea*

科属：紫金牛科紫金牛属

识别特征：灌木或乔木，高6米以上。叶片坚纸质，椭圆状披针形或倒披针形，顶端急尖、钝或近圆形，基部急尖或狭窄下延。复总状花序或总状花序，花瓣粉红色。果扁球形。花期2～3月份，果期8～11月份。

产地与生境：产于我国云南、广西，常生于海拔400～1550米的疏、密林中或林缘灌木丛中。从斯里兰卡至新加坡亦有分布。

食用部位：嫩茎叶。

食用方法：嫩茎叶洗净后用开水焯（烫）软，再用清水漂洗去除异味后，可做凉菜或炒食。

113　南山藤 *Dregea volubilis*

科属：夹竹桃科南山藤属

别名：假夜来香、苦凉菜

识别特征：木质大藤本。叶宽卵形或近圆形，顶端急尖或短渐尖，基部截形或浅心形。花多朵，组成伞形状聚伞花序，花冠黄绿色，清香。蓇葖果。花期4～9月份，果期7～12月份。

产地与生境：产于我国贵州、云南、广西、广东及台湾等地区，常生于海拔500米以下的山地林，常攀援于大树上。东南亚也有分布。

食用部位：嫩茎叶及花。

食用方法：嫩茎叶洗净后可用开水焯（烫）1～2分钟，去除苦味，炒食或做汤；花用开水稍焯（烫）后可与鸡蛋调和，经油炸后食用。

114 酸叶胶藤 *Urceola rosea*

科属：夹竹桃科水壶藤属

别名：酸叶藤

识别特征：高攀木质大藤本，长达10米。叶纸质，阔椭圆形，顶端急尖，基部楔形，叶背被白粉。聚伞花序，着花多朵，花小，粉红色。花期4～12月份，果期7月份至翌年1月份。

产地与生境：分布于我国长江以南各地区，常生于山地杂木林山谷中、水沟旁较湿润的地方。越南、印度尼西亚也有分布。

食用部位：嫩茎叶。

食用方法：嫩茎叶洗净，沸水稍焯（烫）后可炒食。

115 败酱 *Patrinia scabiosifolia*

科属：败酱科败酱属

别名：黄花败酱

识别特征：多年生草本，高30～200厘米。基生叶丛生，卵形、椭圆形或椭圆状披针形，茎生叶对生，宽卵形至披针形，常羽状深裂或全裂具2～3～5对侧裂片。聚伞花序，花冠黄色。瘦果。花期7～9月份。

产地与生境：我国除宁夏、青海、新疆、西藏、广东、海南外，全国各地均有分布。常生于海拔50～2600米的山坡林下、林缘和灌木丛中。俄罗斯、蒙古、朝鲜和日本也有分布。

食用部位：嫩茎叶。

食用方法：嫩茎叶洗净，用开水稍焯（烫），再用清水浸泡去除苦味，可凉拌、炒食或做馅。

一、地上茎叶类

116　攀倒甑 *Patrinia villosa*

科属：败酱科败酱属

别名：白花败酱

识别特征：多年生草本，高50～120厘米。基生叶丛生，叶片卵形、宽卵形或卵状披针形至长圆状披针形，不分裂或大头羽状深裂。聚伞花序，花冠钟形，白色，5深裂。瘦果。花期8～10月份，果期9～11月份。

产地与生境：产于我国台湾、江苏、浙江、江西、安徽、河南、湖北、湖南、广东、广西、贵州和四川，常生于海拔50～2000米的山地林下、林缘或灌木丛中、草丛中。日本也有分布。

食用部位：嫩茎叶。

食用方法：同败酱。

117 蜂斗菜 *Petasites japonicus*

科属：菊科蜂斗菜属

别名：蛇头草

识别特征：多年生草本，雌雄异株。雄株花茎在花后高10～30厘米，基生叶具长柄，叶片圆形或肾状圆形。头状花序多数，小花管状，两性，花冠白色。雌性花葶高15～20厘米，花后常伸长，高近70厘米，冠毛白色。花期4～5月份，果期6月份。

产地与生境：产于我国江西、安徽、江苏、山东、福建、湖北、四川和陕西。常生于溪流边、草地或灌木丛中。朝鲜、日本及俄罗斯远东地区也有分布。

食用部位：叶柄和嫩花芽。

食用方法：日本广泛栽培作为蔬菜，叶柄和嫩花芽洗净后用沸水稍焯（烫）一下，可凉拌、炒食。

118 白花鬼针草 *Bidens pilosa* var. *radiata*

科属：菊科鬼针草属

别名：鬼针草

识别特征：一年生草本，高30～100厘米。茎下部叶较小，3裂或不分裂，三出，小叶3枚，很少5 或7，顶生小叶较大，长椭圆形或卵状长圆形。头状花序，舌状花5～7，白色。瘦果。

产地与生境：产于我国华东、华中、华南、西南各省区，常生于村旁、路边及荒地中。广泛分布于亚洲和美洲的热带和亚热带地区。

食用部位：嫩茎叶。

食用方法：嫩茎叶用清水洗净，沸水稍焯（烫），再用清水漂洗即可炒食。

119 艾 *Artemisia argyi*

科属：菊科蒿属

别名：白艾

识别特征：多年生草本或略呈半灌木状，高80～250厘米。叶厚纸质，基生叶花期萎谢，茎下部叶近圆形或宽卵形，中部叶卵形、三角状卵形或近菱形，上部叶与苞片叶羽状分裂或不分裂。头状花序，花紫色。瘦果。花果期7～10月份。

产地与生境：分布广，几乎遍及全国，常生于低海拔至中海拔地区的荒地、路旁河边及山坡等地，也见于草原。蒙古、朝鲜、俄罗斯也有分布。

食用部位：嫩芽及幼苗。

食用方法：春季采摘嫩叶及幼苗，洗净后用沸水焯（烫）2～3分钟，清水浸泡去除苦味，切碎与糯米粉或面粉搅拌后做成青团食用，也可用于制作鸡汤或粥。

120 茵陈蒿 *Artemisia capillaris*

科属：菊科蒿属

别名：茵陈

识别特征：半灌木状草本，高40～120厘米或更长。基生叶常成莲座状，叶卵圆形或卵状椭圆形，二（至三）回羽状全裂，中部叶宽卵形、近圆形或卵圆形，（一至）二回羽状全裂，上部叶与苞片叶羽状5全裂或3全裂。头状花序。雌花6～10朵，两性花3～7朵。瘦果。花果期7～10月份。

产地与生境：产于我国辽宁、河北、陕西、山东、江苏、安徽、浙江、江西、福建、台湾、河南、湖北、湖南、广东、广西及四川等地区，常生于低海拔地区河岸、路旁及低山坡地区。朝鲜、日本、俄罗斯及东南亚也有分布。

食用部位：嫩苗、嫩叶。

食用方法：嫩苗、嫩叶洗净后用开水焯（烫）2～3分钟，再用清水漂洗，可凉拌、炒食或做汤。

121　白苞蒿 *Artemisia lactiflora*

科属：菊科蒿属

别名：白花蒿

识别特征：多年生草本，高50～200厘米。叶薄纸质或纸质，基生叶与下部叶宽卵形或长卵形，二回或一至二回羽状全裂，边缘常有细裂齿或锯齿或近全缘，上部叶与苞片叶略小，羽状深裂或全裂。头状花序，雌花3～6朵，两性花4～10朵。瘦果。花果期8～11月份。

产地与生境：主产于我国中南部各地区，常生于林下、林缘、灌木丛边缘、山谷等地。东南亚也有分布。

食用部位：嫩茎叶。

食用方法：嫩茎叶去杂洗净，用开水焯（烫）2～3分钟，再用清水浸泡并沥干，可凉拌、煮食、炒食、做汤等。

122 蒌蒿 *Artemisia selengensis*

科属：菊科蒿属

别名：三叉叶蒿

识别特征：多年生草本，高60～150厘米。叶纸质或薄纸质，茎下部叶宽卵形或卵形，全裂或深裂，稀有不分裂的叶。头状花序，雌花8～12朵，两性花10～15朵。瘦果。花果期7～10月份。

产地与生境：产于我国大部分地区，常生于低海拔地区的河湖岸边与沼泽地带。蒙古、朝鲜及俄罗斯也有分布。

食用部位：嫩茎叶。

食用方法：嫩茎叶洗净，用沸水焯（烫）2～3分钟，然后用清水漂洗，可炒食或凉拌。

123 黄鹌菜 *Youngia japonica*

科属：菊科黄鹌菜属

识别特征：一年生草本，高10～100厘米。基生叶全形倒披针形、椭圆形、长椭圆形或宽线形，大头羽状深裂或全裂，极少茎生叶。头状花序含10～20枚舌状小花，舌状小花黄色。瘦果。花果期4～10月份。

产地与生境：北京、陕西、甘肃、山东、江苏、安徽、浙江、江西、福建、河南、湖北、湖南、广东、广西、四川、云南、西藏等地有分布，常生于山坡、山谷、林下、林间草地及潮湿地等处。日本、朝鲜及东南亚也有分布。

食用部位：嫩苗和嫩叶。

食用方法：嫩苗和嫩叶洗净，用开水焯（烫）2～3分钟，可以凉拌、炒食或做汤。

124 紫背菜 *Gynura bicolor*

科属：菊科菊三七属

别名：红凤菜

识别特征：多年生草本，高50～100厘米。叶片倒卵形或倒披针形，稀长圆状披针形，顶端尖或渐尖，基部楔状。头状花序，小花橙黄色至红色。瘦果。花果期5～10月份。

产地与生境：我国云南、贵州、四川、广西、广东、台湾有分布，常生于海拔600～1500米的山坡林下、岩石上或河边湿处。印度、尼泊尔、不丹、缅甸、日本也有分布。

食用部位：嫩叶。

食用方法：嫩叶洗净，可炒食。含有吡咯啶类生物碱等多种成分，对肝脏有毒性，长期食用可能造成肝损伤，建议少食。

125 白背三七 *Gynura divaricata*

科属：菊科菊三七属

别名：白子菜

识别特征：多年生草本，高30～60厘米。叶质厚，叶片卵形，椭圆形或倒披针形，顶端钝或急尖，边缘具粗齿。头状花序，小花橙黄色，有香气。瘦果。花果期8～10月份。

产地与生境：产于我国广东、海南、香港、云南，常生于山坡草地、荒坡和田边潮湿处。越南也有分布。

食用部位：嫩叶。

食用方法：嫩叶洗净，沸水焯（烫）1～2分钟，沥干，可炒食。含有吡咯啶类生物碱等多种成分，对肝脏有毒性，长期食用可能造成肝损伤，建议少食。

126 菊三七 *Gynura japonica*

科属：菊科菊三七属

别名：三七草

识别特征：高大多年生草本，高60～150厘米或更高。基部叶在花期常枯萎。基部和下部叶较小，椭圆形，不分裂至大头羽状，中部叶椭圆形或长圆状椭圆形，羽状深裂，上部叶较小，羽状分裂。头状花序，花冠黄色或橙黄色。瘦果。花果期8～10月份。

产地与生境：产于我国中南部，常生于海拔1200～3000米的山谷、山坡草地、林下或林缘。尼泊尔、泰国和日本也有分布。

食用部位：嫩苗和嫩叶。

食用方法：嫩苗或嫩叶洗净，沸水焯（烫）1～2分钟，沥干，可凉拌或炒食。含有吡咯啶类生物碱等多种成分，对肝脏有毒性，长期食用可能造成肝损伤，建议少食。

127 野菊 *Chrysanthemum indicum*

科属：菊科菊属

别名：山菊花

识别特征：多年生草本，高0.25～1米。基生叶和下部叶花期脱落，中部茎叶卵形、长卵形或椭圆状卵形，羽状半裂、浅裂或分裂不明显而边缘有浅锯齿。头状花序，舌状花黄色。瘦果。花期6～11月份。

产地与生境：广泛分布在我国东北、华北、华中、华南及西南各地。常生于山坡草地、灌木丛、河边水湿地、滨海盐渍地、田边及路旁。印度、日本、朝鲜、俄罗斯也有分布。

食用部位：嫩茎叶、花。

食用方法：嫩苗或嫩茎叶洗净，沸水焯（烫）2～3分钟后用清水漂洗去除苦味，可炒食，也可凉拌。花可用于做汤或茶饮。

128 长裂苦苣菜 *Sonchus brachyotus*

科属：菊科苦苣菜属

别名：苣荬菜

识别特征：一年生草本，高50～100厘米。基生叶与下部茎叶全形卵形、长椭圆形或倒披针形，羽状深裂、半裂或浅裂，极少不裂，中上部同茎叶与基生叶，但较小，最上部茎叶宽线形或宽线状披针形。头状花序，舌状花黄色。瘦果。花果期6～9月份。

产地与生境：主产于我国中北部，西藏、云南等地也有分布，常生于海拔350～4000米的山地草坡、河边或路边。日本、蒙古、俄罗斯也有分布。

食用部位：嫩茎叶。

食用方法：嫩茎叶洗净后即可直接生食（蘸酱）。

129 中华苦荬菜 *Ixeris chinensis*

科属：菊科苦荬菜属

别名：苦蝶子、小苦苣

识别特征：多年生草本，高5～47厘米。基生叶长椭圆形、倒披针形、线形或舌形，全缘，不分裂或分裂。茎生叶2～4枚，长披针形或长椭圆状披针形，不裂或边缘全缘。头状花序，舌状小花黄色。瘦果。花果期1～10月份。

产地与生境：产于我国大部分地区，常生于山坡路旁、田野、河边灌木丛或岩石缝隙中。俄罗斯、日本、朝鲜也有分布。

食用部位：嫩叶。

食用方法：嫩叶洗净后用开水焯（烫）1～2分钟，再用清水漂洗去除苦味，可凉拌、炒食或做汤。

130 滇苦菜 *Picris divaricata*

科属：菊科毛连菜属

识别特征：二年生草本，高15～40厘米。全部叶几乎基生，倒披针状长椭圆形、长椭圆形或线状长椭圆形，边缘具齿或全缘；茎生叶极少或几无，宽线形、线状长椭圆形、倒披针状长椭圆形或椭圆形，边缘有微齿或全缘。头状花序，舌状花黄色。瘦果。花果期4～11月份。

产地与生境：产于我国云南、西藏，常生于海拔1400～2540米的山坡草地、林缘及灌木丛中。

食用部位：嫩叶。

食用方法：嫩叶洗净后用开水焯（烫）1～2分钟，再用清水浸泡，换水2次去除苦味，沥干，可凉拌或做汤。

131 鼠曲草 *Pseudognaphalium affine*

科属：菊科拟鼠曲草属

别名：拟鼠曲草、鼠麴草

识别特征：一年生草本，高10～40厘米或更高。叶匙状倒披针形或倒卵状匙形。头状花序，花黄色至淡黄色，雌花多数，两性花较少，管状。瘦果。花期1～4月份，果期8～11月份。

产地与生境：产于我国华东、华南、华中、华北、西北及西南各地区，常生于低海拔干地或湿润草地上。日本、朝鲜、菲律宾、印度尼西亚及印度等地也有分布。

食用部位：嫩苗、嫩茎叶及花序。

食用方法：嫩苗、嫩茎叶及花序去杂洗净，用开水焯（烫）1～2分钟后切碎，与糯米面混合后做成糕团蒸熟食用，也可用于煲汤或菜粥。

132 秋鼠曲草 *Pseudognaphalium hypoleucum*

科属：菊科拟鼠曲草属

别名：秋拟鼠曲草，秋鼠麴草

识别特征：粗壮草本，高可达70厘米。下部叶线形，基部略狭，顶端渐尖，中部和上部叶较小。头状花序多数，花黄色，花多数，两性花较少数。瘦果。花期8～12月份。

产地与生境：产于我国华东、华南、华中、西北及西南各地区。常生于海拔200～800米的空旷沙土地或山地路旁及山坡上。日本、朝鲜及东南亚也有分布。

食用部位：嫩苗、嫩茎叶及花序。

食用方法：同鼠曲草。

133 蒲公英 *Taraxacum mongolicum*

科属：菊科蒲公英属

别名：婆婆丁

识别特征：多年生草本。叶倒卵状披针形、倒披针形或长圆状披针形，先端钝或急尖，边缘有时具波状齿或羽状深裂，有时倒向羽状深裂或大头羽状深裂。头状花序，舌状花黄色。瘦果。花期4～9月份，果期5～10月份。

产地与生境：产于我国大部分地区，常生于中、低海拔地区的山坡草地、路边、田野、河滩。朝鲜、蒙古、俄罗斯也有分布。

食用部位：嫩苗、嫩叶。

食用方法：嫩苗、嫩叶洗净后，一般可直接蘸酱生食，也可炒食、做汤、凉拌或煲粥。

134　东北蒲公英 *Taraxacum ohwianum*

科属：菊科蒲公英属

识别特征：多年生草本。叶倒披针形，先端尖或钝，不规则羽状浅裂至深裂。花葶多数，头状花序，舌状花黄色，边缘花舌片背面有紫色条纹。瘦果。花果期4～6月份。

产地与生境：产于我国东北，常生于低海拔地区山野或山坡路旁。朝鲜、俄罗斯也有分布。

食用部位：嫩苗、嫩叶。

食用方法：同蒲公英。

135 山莴苣 *Lagedium sibiricum*

科属：菊科山莴苣属

别名：山苦菜

识别特征：多年生草本，高50～130厘米。中下部茎叶披针形、长披针形或长椭圆状披针形，顶端渐尖、长渐尖或急尖，基部收窄，心形、心状耳形或箭头状半抱茎，向上的叶渐小。头状花序，舌状小花蓝色或蓝紫色。瘦果。花果期7～9月份。

产地与生境：产于我国东北、华北、西北等地，常生于林缘、林下、草甸、河岸、湖边水湿地。欧洲、俄罗斯及日本、蒙古也有分布。

食用部位：嫩苗和嫩茎叶。

食用方法：嫩苗和嫩茎叶洗净后用开水焯（烫）1～2分钟，用清水漂去苦味，沥干后可凉拌、炒食或做汤。

136 细叶鼠曲草 *Gnaphalium japonicum*

科属：菊科鼠曲草属

识别特征：一年生细弱草本，高8～27厘米。基生叶呈莲座状，线状剑形或线状倒披针形，茎叶（花葶的叶）少数，线状剑形或线状长圆形，其余与基生叶相似。头状花序，花黄色。瘦果。花期1～5月份。

产地与生境：产于我国长江流域以南各地区，北达河南、陕西，常见于低海拔的草地或耕地上。日本、朝鲜、澳大利亚及新西兰等地也有分布。

食用部位：嫩苗、嫩茎叶及花序。

食用方法：同鼠曲草。

137　蹄叶橐吾 *Ligularia fischeri*

科属：菊科橐吾属

别名：肾叶橐吾

识别特征：多年生草本，茎高大，高80～200厘米。叶片肾形，先端圆形，有时具尖头，边缘有整齐的锯齿。总状花序，舌状花黄色，管状花多数。瘦果。花果期7～10月份。

产地与生境：产于我国四川、湖北、贵州、湖南、河南、安徽、浙江、甘肃、陕西、华北及东北，常生于拔100～2700米的水边、草甸、山坡、灌木丛中。尼泊尔、印度、不丹、俄罗斯、蒙古、朝鲜、日本也有分布。

食用部位：嫩叶。

食用方法：嫩叶洗净，用开水焯（烫）1～2分钟，清水漂去苦味后可炒食。

138　野茼蒿 *Crassocephalum crepidioides*

科属：菊科野茼蒿属

别名：草命菜

识别特征：直立草本，高20～120厘米，椭圆形或长圆状椭圆形，顶端渐尖，基部楔形，边缘有不规则锯齿或重锯齿，或有时基部羽状裂。头状花序，小花全部管状，两性，花冠红褐色或橙红色。瘦果。花期7～12月份。

产地与生境：产于我国江西、福建、湖南、湖北、广东、广西、贵州、云南、四川、西藏，常生于海拔300～1800米的山坡路旁、水边、灌木丛中。东南亚和非洲也有分布。

食用部位：嫩叶。

食用方法：嫩叶洗净后用开水焯（烫）1～2分钟，再用清水漂洗后可凉拌或炒食。

139 马兰 *Aster indicus*

科属：菊科紫菀属

别名：马兰头

识别特征：草本。基部叶在花期枯萎，茎部叶倒披针形或倒卵状矩圆形，顶端钝或尖，边缘从中部以上具有小尖头的钝或尖齿或有羽状裂片。头状花序，舌状花1层，舌片浅紫色。瘦果。花期5～9月份，果期8～10月份。

产地与生境：广泛分布于亚洲南部及东部。

食用部位：嫩茎叶。

食用方法：嫩茎叶洗净，用开水焯（烫）1～2分钟后清水漂洗，去除苦涩，可凉拌、煮汤、炒食或做馅。

140 珍珠菜 *Lysimachia clethroides*

科属：报春花科珍珠菜属

别名：珍珠草

识别特征：多年生草本，茎直立，高40～100厘米。叶互生，长椭圆形或阔披针形，先端渐尖，基部渐狭。总状花序顶生，花冠白色。蒴果近球形。花期5～7月份；果期7～10月份。

产地与生境：产于我国东北、华中、西南、华南、华东各地区以及河北、陕西等省，常生于山坡林缘和草丛中。

食用部位：嫩叶及嫩苗。

食用方法：嫩叶及嫩苗去杂洗净，开水焯（烫）1～2分钟，清水漂洗后可炒食或用于做汤。

141 车前 *Plantago asiatica*

科属：车前科车前属

别名：车轱辘菜

识别特征：二年生或多年生草本。叶基生呈莲座状，叶片薄纸质或纸质，宽卵形至宽椭圆形，先端钝圆至急尖。花序3～10个，穗状花序，花冠白色。蒴果。花期4～8月份，果期6～9月份。

产地与生境：产于我国大部分地区，常生于海拔3200米以下草地、沟边、河岸湿地、田边、路旁或村边空旷处。朝鲜、俄罗斯、日本及东南亚也有分布。

食用部位：嫩苗和嫩叶。

食用方法：嫩苗和嫩叶洗净后用开水焯（烫）1～2分钟，再用清水浸泡去除苦味后可凉拌、炒食或做汤。

142　平车前 *Plantago depressa*

科属：车前科车前属

别名：小车前

识别特征：一年生或二年生草本。叶基生呈莲座状，叶片纸质，椭圆形、椭圆状披针形或卵状披针形，先端急尖或微钝。穗状花序，花冠白色。蒴果。花期5～7月份，果期7～9月份。

产地与生境：产于我国大部分地区，常生于海拔4500米以下草地、河滩、沟边、草甸、田间及路旁。亚洲北部、印度、巴基斯坦也有分布。

食用部位：嫩苗和嫩叶。

食用方法：嫩苗和嫩叶洗净后用开水焯（烫）1～2分钟，再用清水浸泡去除苦味后可凉拌或炒食。

143 大车前 *Plantago major*

科属：车前科车前属

别名：大猪耳朵草

识别特征：二年生或多年生草本。叶片草质、薄纸质或纸质，宽卵形至宽椭圆形，先端钝尖或急尖。花序1至数个，穗状花序，花冠白色。蒴果。花期6～8月份，果期7～9月份。

产地与生境：产于我国大部分地区，常生于海拔2800米以下的草地、草甸、河滩、沟边、沼泽地、山坡路旁、田边或荒地。分布于欧亚大陆温带及寒温带。

食用部位：嫩苗和嫩叶。

食用方法：嫩苗和嫩叶洗净后用开水焯（烫）1～2分钟，再用清水浸泡去除苦味后可凉拌或炒食。

144　荠苨 *Adenophora trachelioides*

科属：桔梗科沙参属

别名：心叶沙参

识别特征：多年生草本，根较粗，白色，高40～120厘米。基生叶心脏肾形，宽超过长，茎生叶心形或在茎上部的叶基部近于平截形，边缘为单锯齿或重锯齿。花冠钟状，蓝色、蓝紫色或白色。蒴果。花期7～9月份。

产地与生境：产于我国辽宁、河北、山东、江苏、浙江、安徽，常生于山坡草地或林缘。

食用部位：嫩苗。

食用方法：嫩苗洗净，可直接用于煮汤或用开水焯熟后凉拌。

145 附地菜 *Trigonotis peduncularis*

科属：紫草科附地菜属

识别特征：一年生或二年生草本，高5～30厘米。基生叶呈莲座状，叶片匙形，茎上部叶长圆形或椭圆形。花序生于茎顶，花冠淡蓝色或粉色。花期3～5月份，果期夏季。

产地与生境：产于我国西藏、云南、广西、江西、福建、新疆、甘肃、内蒙古、东北等地区，常生于平原、丘陵草地、林缘、田间及荒地。欧洲也有分布。

食用部位：嫩叶及嫩苗。

食用方法：嫩叶及嫩苗洗净后用开水焯（烫）1～2分钟，再用清水漂洗，可凉拌食用，也可炒食。

146　厚壳树 *Ehretia acuminata*

科属：紫草科厚壳树属

识别特征：落叶乔木，高达15米。叶椭圆形、倒卵形或长圆状倒卵形，先端尖，基部宽楔形，稀圆形，边缘有整齐的锯齿。聚伞花序，花多数，芳香，白色。核果。花期4～5月份，果期7月份。

产地与生境：产于我国西南、华南、华东、山东、河南等地区，常生于海拔100～1700米的丘陵、平原疏林、山坡灌丛及山谷密林。日本、越南也有分布。

食用部位：嫩芽。

食用方法：嫩芽洗净后用开水焯（烫）2～3分钟，再用清水漂洗，可与肉炒食。

147 山茄子 *Brachybotrys paridiformis*

科属：紫草科山茄子属

识别特征：茎直立，高30～40厘米。基部茎生叶鳞片状，中部茎生叶的叶片倒卵状长圆形，上部5～6叶假轮生，叶片倒卵形至倒卵状椭圆形。花序顶生，花冠紫色。小坚果。

产地与生境：产于我国东北，常生于林下、草坡、田边等处。

食用部位：嫩茎叶及嫩苗。

食用方法：嫩茎叶及嫩苗洗净后用开水焯（烫）1～2分钟，再用清水浸泡约1小时，可与肉炒食，或凉拌、煲汤。

148　枸杞 *Lycium chinense*

科属：茄科枸杞属

别名：枸杞菜

识别特征：多分枝灌木，高0.5～1米。叶纸质，单叶互生或2～4枚簇生，卵形、卵状菱形、长椭圆形、卵状披针形，顶端急尖，基部楔形。花冠漏斗状，淡紫色。浆果。花果期6～11月份。

产地与生境：产于我国大部分地区，常生于山坡、荒地、丘陵地、盐碱地、路旁及村边宅旁。

食用部位：嫩叶。

食用方法：嫩叶洗净，用开火焯熟，然后用清水浸泡沥水，可凉拌，也可用于煲汤。

149 少花龙葵 *Solanum americanum*

科属：茄科茄属

别名：白花菜

识别特征：纤弱草本，高约1米。叶薄，卵形至卵状长圆形，先端渐尖，基部楔形下延至叶柄而成翅，叶缘近全缘。花序近伞形，花小，花冠白色。浆果球状。几乎全年均开花结果。

产地与生境：产于我国云南、江西、湖南、广西、广东、台湾等地的溪边、密林阴湿处或林边荒地。马来群岛也有分布。

食用部位：嫩茎叶。

食用方法：嫩茎叶洗净后经开水焯烫1～2分钟，再用清水浸泡，去除苦味后可炒食。

150　龙葵 *Solanum nigrum*

科属：茄科茄属

识别特征：一年生直立草本，高0.25～1米。叶卵形，先端短尖，基部楔形至阔楔形，全缘或每边具不规则的波状粗齿。蝎尾状花序叶腋外面生，花冠白色。浆果球形。

产地与生境：我国几乎全国均有分布。喜生于田边、荒地及村庄附近。广泛分布于欧洲、亚洲、美洲的温带至热带地区。

食用部位：嫩茎叶。

食用方法：嫩茎叶洗净后用沸水焯（烫）1～2分钟，再用清水浸泡去除苦味，可炒食。

151 旋花茄 *Solanum spirale*

科属：茄科茄属

识别特征：直立灌木，高0.5～3米。叶大，椭圆状披针形，先端锐尖或渐尖，全缘或略波状。聚伞花序，花冠白色。浆果。花期夏秋，果期冬春。

产地与生境：产于我国云南、广西、湖南，常生于海拔500～1900米的溪边灌木丛中或林下。印度、孟加拉国、缅甸及越南也有分布。

食用部位：嫩叶。

食用方法：嫩叶洗净，用开水焯1～2分钟后，再用清水漂洗，沥水，可炒食或煮食。

152 马蹄金 *Dichondra micrantha*

科属：旋花科马蹄金属

别名：金钱草

识别特征：多年生匍匐小草本。叶肾形至圆形，先端宽圆形或微缺，基部阔心形。花单生于叶腋，萼片倒卵状长圆形至匙形，花冠钟状，黄色，深5裂。蒴果。

产地与生境：我国长江以南各地区均有分布，常生于海拔1300～1980米的山坡草地、路旁或沟边。广泛分布于南、北半球热带、亚热带地区。

食用部位：嫩茎叶。

食用方法：嫩茎叶洗净后用沸水焯（烫）1～2分钟，可炒食、煲汤。

153　草本威灵仙 *Veronicastrum sibiricum*

科属：玄参科腹水草属

别名：轮叶婆婆纳

识别特征：草本。叶4～6枚轮生，矩圆形至宽条形，无毛或两面疏被多细胞硬毛。花序顶生，长尾状，花冠红紫色、紫色或淡紫色。蒴果卵状，种子椭圆形。花期7～9月份。

产地与生境：分布于我国东北、华北、陕西北部、甘肃东部及山东半岛。常生于海拔可达2500米处的路边、山坡草地及山坡灌丛内。朝鲜、日本、俄罗斯也有分布。

食用部位：嫩茎叶。

食用方法：嫩茎叶洗净后用沸水焯（烫）1～2分钟，可凉拌，也可炒食。

154 水蔓菁 *Pseudolysimachion linariifolium* subsp. *dilatatum*

科属：玄参科穗花属

识别特征：多年生草本，高30～80厘米。上部叶互生，下部叶对生，宽线形至卵圆形，叶片上部边缘有三角形锯齿。总状花序，花冠蓝色或紫色。蒴果。花期6～8月份，果熟期7～9月份。

产地与生境：广泛分布于我国甘肃至云南以东、陕西、山西和河北以南各地区。

食用部位：嫩茎叶。

食用方法：嫩茎叶洗净后用沸水焯（烫）1～2分钟，可凉拌，也可炒食。

155 兔儿尾苗 *Pseudolysimachion longifolium*

科属：玄参科穗花属

别名：长尾婆婆纳

识别特征：茎单生或数支丛生，高40厘米至1米余。叶对生，偶3～4枚轮生，叶片披针形，渐尖，基部圆钝至宽楔形，有时浅心形。总状花序，花冠紫色或蓝色。蒴果。花期6～8月份。

产地与生境：分布于我国新疆、黑龙江和吉林，常生于海拔达1500米左右的草甸、山坡草地、林缘草地、桦木林下。欧洲至俄罗斯、朝鲜也有分布。

食用部位：嫩苗及嫩茎叶。

食用方法：嫩苗或嫩茎叶洗净后用沸水焯（烫）1～2分钟，可凉拌，也可炒食。

156　北水苦荬 *Veronica anagallis-aquatica*

科属：玄参科婆婆纳属

别名：仙桃草

识别特征：多年生（稀为一年生）草本，高10～100厘米。叶多为椭圆形或长卵形，少为卵状矩圆形，更少为披针形，全缘或有疏而小的锯齿。花冠浅蓝色、浅紫色或白色。蒴果。花期4～9月份。

产地与生境：广泛分布于我国长江以北及西南各地区，常见于水边及沼地。亚洲温带地区及欧洲广泛分布。

食用部位：嫩苗、嫩茎叶。

食用方法：春夏采摘嫩苗或嫩茎叶洗净，开水焯（烫）1～2分钟后用清水漂洗，可炒肉、做汤等。

157　狗肝菜 *Dicliptera chinensis*

科属：爵床科狗肝菜属

别名：猪肝菜

识别特征：草本，高30～80厘米。叶卵状椭圆形，顶端短渐尖，基部阔楔形或稍下延。花序腋生或顶生，由3～4个聚伞花序组成，花冠淡紫红色。蒴果。花期冬季。

产地与生境：产于我国福建、台湾、广东、海南、广西、香港、澳门、云南、贵州、四川，常生于疏林下、溪边、路旁。亚洲南部也有分布。

食用部位：嫩茎叶。

食用方法：嫩茎叶洗净后用开水焯（烫）1～2分钟，再用清水浸泡沥水，凉拌或炒食均可。

158 宽叶十万错 *Asystasia gangetica*

科属：爵床科十万错属

识别特征：多年生草本。叶椭圆形，基部圆或近心形，几乎全缘。总状花序顶生，花偏向一侧，花冠短，略两唇形，花紫红或白色。蒴果。花期9～12月份，果期12月份至翌年3月份。

产地与生境：产于我国云南、广东。东南亚也有分布。

食用部位：嫩茎叶。

食用方法：嫩茎叶洗净后可素炒或与肉同炒，或用于煲汤。

159 水鳖 *Hydrocharis dubia*

科属：水鳖科水鳖属

别名：马尿花

识别特征：浮水草本。叶簇生，多漂浮，叶片心形或圆形，先端圆，基部心形，全缘。雄花序腋生，佛焰苞2枚，苞内雄花5～6朵，每次仅1朵开放，花瓣黄色；雌佛焰苞小，苞内雌花1朵，花白色。花果期8月份。

产地与生境：产于我国大部分地区，常生于静水池沼中。大洋洲和亚洲其他地区也有分布。

食用部位：幼叶柄。

食用方法：幼叶柄洗净后用开水焯（烫）1～2分钟，再用清水漂洗，沥干水分，可与肉同炒。

160 海菜花 *Ottelia acuminata*

科属：水鳖科水车前属

别名：异叶水车前

识别特征：沉水草本。叶基生，叶形变化较大，线形、长椭圆形、披针形、卵形以及阔心形，先端钝，基部心形或少数渐狭，全缘或有细锯齿。花单生，雌雄异株，花瓣3，白色。果为三棱状纺锤形。花果期4～10月份。

产地与生境：产于我国广东、海南、广西、四川、贵州、浙江和云南，常生于湖泊、池塘、沟渠及水田中。

食用部位：花苔及嫩茎叶。

食用方法：嫩茎叶及花苔洗净，沸水焯（烫）1～2分钟后即可炒食、炖肉、做汤或煮粥，也可腌制。

161 龙舌草 *Ottelia alismoides*

科属：水鳖科水车前属

别名：水车前

识别特征：沉水草本。叶片广卵形、卵状椭圆形、近圆形或心形，常见叶形有狭长形、披针形乃至线形。两性花，偶见单性花，花瓣白色、淡紫色或浅蓝色。种子纺锤形。

产地与生境：产于我国大部分地区，常生于湖泊、沟渠、水塘、水田以及积水洼地。广泛分布于非洲、亚洲至澳大利亚。花果期4～10月份。

食用部位：嫩苗和嫩叶。

食用方法：嫩苗和嫩叶洗净后用开水焯（烫）1～2分钟，再用清水浸泡，可炒食、凉拌或做汤。

162 小果野蕉 *Musa acuminata*

科属：芭蕉科芭蕉属

别名：阿加蕉

识别特征：假茎高约4.8米。叶片长圆形，基部耳形，不对称，叶面绿色，被蜡粉。雄花合生花被片先端3裂。果序长1.2米，浆果圆柱形。

产地与生境：产于我国云南，多生于海拔1200米以下阴湿的沟谷、沼泽、半沼泽及坡地上。东南亚也有分布。

食用部位：花。

食用方法：把花序外苞片剥去，取出花用水洗净，控干水分，可与肉炒食。

163 芭蕉 *Musa basjoo*

科属：芭蕉科芭蕉属

别名：甘蕉

识别特征：植株高2.5～4米。叶片长圆形，先端钝，基部圆形或不对称。花序顶生，下垂，苞片红褐色或紫色，雄花生于花序上部，雌花生于花序下部。浆果三棱状。

产地与生境：原产于琉球群岛，我国台湾可能有野生，秦岭淮河以南可以露地栽培。

食用部位：花。

食用方法：花苞采摘后将花取出用沸水焯（烫）1～2分钟，再用清水漂洗后煮食或炒食，也可炖肉食用。

164　地涌金莲 *Musella lasiocarpa*

科属：芭蕉科地涌金莲属

别名：地金莲、地涌莲

识别特征：植株丛生，具水平向根状茎。假茎矮小，高不及60厘米。叶片长椭圆形，先端锐尖，基部近圆形。花序直立，密集如球穗状，苞片黄色或淡黄色，有花2列，花黄色。浆果。花期几乎全年。

产地与生境：产于我国云南，多生于海拔1500～2500米的山间坡地或栽于庭园内。

食用部位：假茎和花序。

食用方法：把假茎与花序用刀切细，用食盐搓洗，后用清水漂洗干净，沥干水分后炒食。

165 象头蕉 *Ensete wilsonii*

科属：芭蕉科象腿蕉属

别名：野芭蕉

识别特征：植株高6～12米。假茎淡黄色。叶片长圆形，基部心形。花序下垂，苞片外面紫黑色，被白粉，内面浅土黄色，每苞片内有花2列，花被片淡黄色。浆果。花期6月份，果期10月份。

产地与生境：产于我国南岭以南各地区；多生于海拔2700米以下的沟谷潮湿肥沃土中。越南、老挝亦有分布。

食用部位：花、假茎。

食用方法：花、假茎洗净后用开水焯（烫)1～2分钟，切丝与肉炒食。

166　闭鞘姜 *Cheilocostus speciosus*

科属：闭鞘姜科闭鞘姜属

别名：雷公笋

识别特征：株高1～3米。叶片长圆形或披针形，顶端渐尖或尾状渐尖，基部近圆形。穗状花序顶生，花白色或顶部红色。蒴果。花期7～9月份，果期9～11月份。

产地与生境：产于我国海南、台湾、广东、广西、云南等地区，常生于海拔45～1700米的疏林下、山谷阴湿地、路边草丛等处。亚洲热带广泛分布。

食用部位：嫩芽。

食用方法：嫩芽洗净，可与肉同炒、煲汤，或经过腌渍后食用。

167 红球姜 *Zingiber zerumbet*

科属：姜科姜属

识别特征：多年生草本，株高0.6～2米。叶片披针形至长圆状披针形。花序球果状，苞片覆瓦状排列，紧密，近圆形，初时淡绿色，后变红色，花冠管淡黄色，唇瓣淡黄色。蒴果。花期7～9月份，果期10月份。

产地与生境：产于我国广东、广西、云南等省区，常生于林下阴湿处。亚洲热带地区广泛分布。

食用部位：嫩梢。

食用方法：春夏采摘嫩梢，洗净后可与肉炒食。

168　宽叶韭 *Allium hookeri*

科属：百合科葱属

别名：大叶韭、观音韭

识别特征：鳞茎圆柱状，具粗壮的根。叶条形至宽条形，稀为倒披针状条形。花葶侧生，圆柱状，伞形花序近球状，多花，花白色。花果期8～9月份。

产地与生境：产于我国四川、云南和西藏，常生于海拔1500～4000米的湿润山坡或林下。南亚也有分布。

食用部位：嫩叶。

食用方法：嫩叶洗净后可直接炒食，或做汤、做馅料。

169 沙葱 *Allium mongolicum*

科属：百合科葱属

别名：蒙古韭

识别特征：鳞茎密集地丛生，圆柱状。叶半圆柱状至圆柱状，比花葶短。花葶圆柱状，伞形花序半球状至球状，花淡红色、淡紫色至紫红色。花期7月份，果期秋季。

产地与生境：产于我国新疆东北部、青海北部、甘肃、宁夏北部、陕西北部、内蒙古西部、辽宁西部。常生于海拔800～2800米的荒漠、沙地或干旱山坡。蒙古西南部也有分布。

食用部位：嫩叶及花。

食用方法：嫩叶及花洗净后切段，可炒食。

170　卵叶韭 *Allium ovalifolium*

科属：百合科葱属

别名：鹿耳韭

识别特征：鳞茎单一或2～3枚聚生，近圆柱状。叶2枚，靠近或近对生状，极少3枚，披针状矩圆形至卵状矩圆形。花葶圆柱状，伞形花序球状，花白色，稀淡红色。花果期7～9月份。

产地与生境：产于我国云南、贵州、四川、青海、甘肃、陕西和湖北，常生于海拔1500～4000米的林下、阴湿山坡、湿地、沟边或林缘。

食用部位：嫩叶。

食用方法：嫩叶洗净，可炒食或用于做馅，也可用于调味。

171 太白韭 *Allium prattii*

科属：百合科葱属

识别特征：鳞茎单生或2～3枚聚生，近圆柱状。叶2～3枚，常为条形、条状披针形、椭圆状披针形或椭圆状倒披针形，罕为狭椭圆形。花葶圆柱状，伞形花序，花紫红色至淡红色，稀白色。花果期6月底到9月份。

产地与生境：产于我国西藏、云南、四川、青海、甘肃、陕西、河南和安徽，常生于海拔2000～4900米的阴湿山坡、沟边、灌木丛或林下。印度、尼泊尔和不丹也有分布。

食用部位：嫩叶。

食用方法：嫩叶洗净，可炒食或用于做馅，也可用于调味。

172 北葱 *Allium schoenoprasum*

科属：百合科葱属

识别特征：鳞茎常数枚聚生，卵状圆柱形。叶1～2枚，光滑，管状，中空，略比花葶短。花葶圆柱状，伞形花序近球状，花紫红色至淡红色。花果期7～9月份。

产地与生境：产于我国新疆，常生于潮湿的草地、河谷、山坡或草甸。从欧洲、亚洲西部、中亚、西伯利亚，直到日本和北美洲都有分布。

食用部位：嫩叶。

食用方法：嫩叶洗净，切成段，可用于炒食或用于做鸡、鱼或煲汤的配料。

173 茖葱 *Allium victorialis*

科属：百合科葱属

识别特征：鳞茎单生或2～3枚聚生，近圆柱状。叶2～3枚，倒披针状椭圆形至椭圆形，基部楔形。花葶圆柱状，伞形花序球状，具多而密集的花，花白色或带绿色，极稀带红色。花果期6～8月份。

产地与生境：产于北温带，常生于海拔1000～2500米的阴湿山坡、林下、草地或沟边。

食用部位：嫩苗及嫩叶。

食用方法：嫩苗及嫩叶洗净后可生食、炒食、做汤或用于调味。

174　多星韭 *Allium wallichii*

科属：百合科葱属

识别特征：鳞茎圆柱状。叶狭条形至宽条形，具明显的中脉，比花葶短或近等长。花葶三棱状柱形，伞形花序，具多数疏散或密集的花，花红色、紫红色、紫色至黑紫色。花果期7～9月份。

产地与生境：产于我国四川、西藏、云南、贵州、广西和湖南，常生于海拔2300～4800米的湿润草坡、林缘、灌木丛下或沟边。印度、尼泊尔和不丹也有分布。

食用部位：嫩叶、花茎。

食用方法：嫩叶洗净后用开水稍焯（烫），可凉拌或炒食，嫩花茎也可炒食。

175 石刁柏 *Asparagus officinalis*

科属：百合科天门冬属

别名：芦笋

识别特征：直立草本，高可达1米。叶状枝每3～6枚成簇，近扁的圆柱形，略有钝棱，纤细，常稍弧曲。花每1～4朵腋生，绿黄色。浆果。花期5～6月份，果期9～10月份。

产地与生境：我国新疆有野生，其他地区多为栽培，少数地区逸为野生。

食用部位：嫩茎。

食用方法：嫩茎洗净后切片，可炒食或煲汤。

176　鹿药 *Maianthemum japonicum*

科属：百合科舞鹤草属

识别特征：植株高30～60厘米。叶纸质，卵状椭圆形、椭圆形或矩圆形，先端近短渐尖。圆锥花序具10～20余朵花，花单生，白色。浆果近球形。花期5～6月份，果期8～9月份。

产地与生境：主产于我国中部及北部，常生于海拔900～1950米的林下阴湿处或岩缝中。日本、朝鲜和俄罗斯也有分布。

食用部位：嫩茎叶。

食用方法：嫩茎叶洗净后用沸水焯（烫）1～2分钟，可炒食或做馅。

177 菝葜 *Smilax china*

科属：百合科菝葜属

识别特征：攀援灌木，茎长1～5米。叶薄革质或坚纸质，圆形、卵形或其他形状。伞形花序生于叶尚幼嫩的小枝上，具十几朵或更多的花，花绿黄色。浆果。花期2～5月份，果期9～11月份。

产地与生境：产于我国华东、西南及河南、湖北、湖南、广西和广东，常生于海拔2000米以下的林下、灌木丛中、路旁、河谷或山坡上。东南亚也有分布。

食用部位：嫩茎叶。

食用方法：嫩茎叶洗净后用沸水焯熟，清水浸泡，切段切丝均可，可素炒或荤炒均宜，也可用于做汤。

178 牛尾菜 *Smilax riparia*

科属：百合科菝葜属

别名：软叶菝葜

识别特征：多年生草质藤本，茎长1～4米。叶披针形、卵状披针形、卵形至矩圆形。伞形花序，花绿色、淡绿色、白色、绿黄色或黄色。浆果。花期6～7月份，果期10月份。

产地与生境：我国除内蒙古、新疆、西藏、青海、宁夏以及四川外均有分布，常生于海拔1600米以下的林下、灌木丛、山沟或山坡草丛中。朝鲜、日本和菲律宾也有分布。

食用部位：嫩苗。

食用方法：同菝葜。

179 凤眼莲 *Eichhornia crassipes*

科属：雨久花科凤眼莲属

别名：水葫芦

识别特征：浮水草本，高30～60厘米。叶在基部丛生，莲座状排列，一般5～10片，叶片圆形，宽卵形或宽菱形，叶柄中部膨大呈囊状或纺锤形。穗状花序，花被片紫蓝色。蒴果。花期7～10月份，果期8～11月份。

产地与生境：原产于巴西，现广泛分布于我国长江、黄河流域及华南各地区，常生于海拔200～1500米的水塘、沟渠及稻田中。亚洲热带地区也已广泛归化。

食用部位：嫩叶及叶柄、花序。

食用方法：嫩叶及叶柄、花序洗净，开水焯（烫）1～2分钟，清水漂洗后可炒、可炖，也可用于做汤。**因凤眼莲可富集重金属等有害物质，建议少食。**

180　鸭舌草 *Monochoria vaginalis*

科属：雨久花科雨久花属

识别特征：水生草本，高6～50厘米。叶基生和茎生，叶片形状和大小变化较大，心状宽卵形、长卵形至披针形。总状花序，花通常3～5朵，蓝色。蒴果。花期8～9月份，果期9～10月份。

产地与生境：产于我国南北各地区，常生于平原至海拔1500米的稻田、沟旁、浅水池塘等水湿处。日本至东南亚也有分布。

食用部位：嫩茎叶。

食用方法：嫩茎叶洗净，沸水焯（烫）1～2分钟捞出切段，可与肉炒食或凉拌。

181 刺芋 *Lasia spinosa*

科属：天南星科刺芋属

别名：山茨菇

识别特征：多年生有刺常绿草本，高可达1米。叶片形状多变，幼株上的叶片戟形，成年植株过渡为鸟足状至羽状深裂，基部弯缺。肉穗花序圆柱形，黄绿色。浆果。花期9月份，果翌年2月份成熟。

产地与生境：产于我国云南、广西、广东、台湾，常生于海拔1530米以下的田边、沟旁、阴湿草丛、竹丛中。东南亚常见。

食用部位：嫩叶。

食用方法：嫩叶洗净后可与肉炒食。

182 露兜树 *Pandanus tectorius*

科属：露兜树科露兜树属

别名：林投

识别特征：常绿分枝灌木或小乔木，常左右扭曲。叶簇生于枝顶，三行紧密螺旋状排列，条形，先端渐狭成一长尾尖，叶缘和背面中脉均有粗壮的锐刺。雄花序近白色，芳香；雌花序头状，乳白色。聚花果。花期1～5月份。

产地与生境：产于我国福建、台湾、广东、海南、广西、贵州和云南等地区，常生于海边沙地或引种作绿篱。亚洲热带、澳大利亚南部均有分布。

食用部位：嫩芽。

食用方法：嫩芽去杂洗净，可与肉炒食，或用于煲汤。

183　毛竹 *Phyllostachys edulis*

科属：禾本科刚竹属

识别特征：竿高达20余米。末级小枝具2～4片叶，叶片较小较薄，披针形。花枝穗状，佛焰苞通常在10片以上，每片孕性佛焰苞内具1～3枚假小穗，小穗仅有1朵小花。颖果。笋期4月，花期5～8月份。

产地与生境：分布自我国秦岭、汉水流域至长江流域以南。

食用部位：笋。

食用方法：笋为著名野菜，食法多样，可炒肉、炖肉、煲汤、做粥、做羹等。

184 篌竹 *Phyllostachys nidularia*

科属：禾本科刚竹属

别名：花竹

识别特征：竿高达10米。末级小枝仅有1叶，稀2叶，叶片呈带状披针形。花枝呈紧密的头状，佛焰苞1～6片，小穗含2～5朵小花，上部1或2朵小花不孕。笋期4～5月份，花期4～8月份。

产地与生境：产于我国陕西、河南、湖北长江流域及其以南各地。

食用部位：笋。

食用方法：同毛竹。

185 菰 *Zizania latifolia*

科属：禾本科菰属

别名：茭笋

识别特征：多年生，高1～2米。秆高大直立，具多数节。叶片扁平宽大。圆锥花序，雄小穗两侧压扁，着生于花序下部或分枝之上部，带紫色，雌小穗圆筒形，着生于花序上部和分枝下方与主轴贴生处。颖果。

产地与生境：产于我国东北、内蒙古、河北、甘肃、陕西、四川、湖北、湖南、江西、福建、广东、台湾。水生或沼生，常见栽培。亚洲温带、日本、俄罗斯及欧洲有分布。

食用部位：嫩茎。

食用方法：秆基嫩茎被真菌ustilago edulis寄生后，粗大肥嫩，称茭瓜，是美味的蔬菜。切片可与肉炒食、炖食、煲汤等。颖果称为菰米，做饭食用，有营养保健价值。全草为优良的饲料，为鱼类的越冬场所。

186 宝盖草 *Lamium amplexicaule*

科属：唇形科野芝麻属

别名：接骨草

识别特征：一年生或二年生植物，茎高10～30厘米。叶片均圆形或肾形，先端圆，基部截形或截状阔楔形，半抱茎，边缘具极深的圆齿。轮伞花序，花冠紫红或粉红色。坚果。花期3～5月份，果期7～8月份。

产地与生境：产于我国华东、华中、西北及西南等地，生于路旁、林缘、沼泽草地及宅旁。欧洲、亚洲均有广泛分布。

食用部位：嫩茎叶。

食用方法：嫩茎叶洗净后用开水焯（烫），再用清水浸泡去除苦味后，可与肉炒食。

187 益母草 *Leonurus japonicus*

科属：唇形科益母草属

别名：益母蒿

识别特征：一年生或二年生草本，通常高30～120厘米。叶轮廓变化很大，茎下部叶轮廓为卵形，基部宽楔形，掌状3裂，茎中部叶轮廓为菱形，通常分裂成3个或偶有多个长圆状线形的裂片，花序最上部的苞叶线形或线状披针形。轮伞花序，花粉红至淡紫红色。坚果。花期6～9月份，果期9～10月份。

产地与生境：中国广泛分布，俄罗斯、朝鲜、日本、亚洲热带、非洲、美洲均有分布。

食用部位：嫩茎叶。

食用方法：嫩茎叶洗净，可炒食、煲汤等。**益毒草有微毒，可能影响肝肾，建议少食或不食。**

001 荷花 *Nelumbo nucifera*

科属：睡莲科莲属

别名：莲

识别特征：多年生水生草本。根状茎横生，肥厚，节间膨大。叶圆形，盾状，全缘稍呈波状，上面光滑，具白粉。花美丽，芳香，花瓣红色、粉红色或白色。坚果椭圆形或卵形。花期6～8月份，果期8～10月份。

产地与生境：产于我国南北各地区，自生或栽培在池塘或水田内。俄罗斯、朝鲜、日本、越南、亚洲南部和大洋洲均有分布。

食用部位：根状茎（藕）。

食用方法：根状茎（藕）洗净后可炒可炖，也可煲汤，种子也可作为菜肴的配料。

002　鱼腥草 *Houttuynia cordata*

科属：三白草科蕺菜属

别名：蕺菜、侧耳根

识别特征：腥臭草本，高30～60厘米。茎下部伏地，节上轮生小根。叶薄纸质，卵形或阔卵形，顶端短渐尖，基部心形，背面常呈紫红色。总苞片长圆形或倒卵形，白色。蒴果。花期4～7月份。

产地与生境：产于我国中部、东南至西南各地区，常生于沟边、溪边或林下湿地上。亚洲东部和东南部广泛分布。

食用部位：嫩地下茎。

食用方法：采挖鲜嫩的地下茎后去根，洗净，生食也可熟食，可与肉炒食、凉拌、煲汤或腌渍后食用。**本种不宜多食，经常食用可能对肝有损伤。**

003 牛蒡 *Arctium lappa*

科属：菊科牛蒡属

别名：大力子

识别特征：二年生草本，具粗大的肉质直根。茎直立，高达2米。叶宽卵形，边缘稀疏的浅波状凹齿或齿尖，基部心形。头状花序、伞房花序或圆锥状伞房花序，小花紫红色。瘦果。花果期6～9月份。

产地与生境：全国各地普遍分布，常生于海拔750～3500米的山坡、山谷、林缘、林中、灌木丛等处。

食用部位：肉质根。

食用方法：肉质根洗净、切片，用清水浸泡去涩味，可切段炖、炒、拌、炸、腌均可。

004 菊芋 *Helianthus tuberosus*

科属：菊科向日葵属

识别特征：多年生草本，高1～3米，有块状的地下茎。叶通常对生，上部叶互生，下部叶卵圆形或卵状椭圆形，基部宽楔形或圆形，有时微心形，边缘有粗锯齿。头状花序，花黄色。瘦果。花期8～9月份。

产地与生境：原产于北美洲，在我国各地广泛栽培，块茎俗称"洋姜"。

食用部位：块茎。

食用方法：块茎洗净后切片与肉同炒、凉拌，也可加工成酱菜食用。

005 金钱豹 *Campanumoea javanica*

科属：桔梗科金钱豹属

别名：土党参

识别特征：草质缠绕藤本，具胡萝卜状根。叶对生，极少互生的，叶片心形或心状卵形，边缘有浅锯齿，极少全缘的。花单朵生于叶腋，花冠上位，白色或黄绿色，内面紫色。浆果。花果期夏秋。

产地与生境：产于我国长江以南各地区，常生于海拔2400米以下的灌丛中及疏林中。

食用部位：肉质根。

食用方法：挖取肉质根，洗净切块、切片与肉等炖食，也可作菜肴配料。

006 桔梗 *Platycodon grandiflorus*

科属：桔梗科桔梗属

识别特征：多年生草本，茎高20～120厘米。根粗壮，长倒圆锥形。叶全部轮生，部分轮生至全部互生，叶片卵形，卵状椭圆形至披针形，基部宽楔形至圆钝，顶端急尖。花冠大，蓝色或紫色。蒴果。花期7～9月份。

产地与生境：产于我国东北、华北、华东、华中各地以及广东、广西、贵州、云南、四川、陕西，常生于海拔2000米以下的向阳处草丛、灌丛中。朝鲜、日本、俄罗斯也有分布。

食用部位：肉质根。

食用方法：肉质根去杂洗净，去除外皮，用盐搓洗去除苦味，再用清水清洗，切块或条炒食，朝鲜族常用其做成酱菜食用。

007 沙参 *Adenophora stricta*

科属：桔梗科沙参属

识别特征：多年生草本，根圆柱形，茎高40～80厘米。基生叶心形，茎生叶叶片椭圆形、狭卵形，基部楔形，少近于圆钝的，顶端急尖或短渐尖，边缘有不整齐的锯齿。花序常不分枝而成假总状花序，花冠蓝色或紫色。蒴果。花期8～10月份。

产地与生境：产于我国江苏、安徽、浙江、江西、湖南，生于低山草丛中和岩石缝中。日本也有分布。

食用部位：肉质根。

食用方法：肉质根去杂洗净，去皮，煮后去除苦味后可炒食或作菜肴配料。

008　杏叶沙参 *Adenophora hunanensis*

科属：桔梗科沙参属

别名：宽裂沙参

识别特征：多年生草本，根圆柱形，茎高60～120厘米。叶片卵圆形、卵形至卵状披针形，顶端急尖至渐尖，边缘具疏齿。花序分枝长，花冠钟状，蓝色、紫色或蓝紫色。蒴果。花期7～9月份。

产地与生境：产于我国贵州、广西、广东、江西、湖南、湖北、四川、陕西、河南、山西、河北，常生于海拔2000米以下的山坡草地和林缘草地。

食用部位：肉质根。

食用方法：同沙参。

009　轮叶沙参 *Adenophora tetraphylla*

科属：桔梗科沙参属

别名：南沙参

识别特征：多年生草本，根圆锥形，可达1.5米。茎生叶3～6枚轮生，叶片卵圆形至条状披针形，边缘有锯齿。花序狭圆锥状，花冠筒状细钟形，蓝色、蓝紫色。蒴果。花期7～9月份。

产地与生境：产于我国东北、内蒙古、河北、山西、华东、广东、广西、云南、四川、贵州，生于2000米以下的草地和灌丛中。朝鲜、日本、俄罗斯也有分布。

食用部位：肉质根。

食用方法：同沙参。

010 地笋 *Lycopus lucidus*

科属：唇形科地笋属

别名：地参

识别特征：多年生草本，高0.6～
1.7米。根茎横走，具节，先端肥大
呈圆柱形。叶长圆状披针形，有一点
弧弯，边缘具锐尖粗牙齿状锯齿。轮
伞花序，花冠白色。小坚果。花期6～9月份，果期8～11月份。

产地与生境：产于我国东北、河北、陕西、四川、贵州、云南，常生
于海拔320～2100米的沼泽地、水边、沟边等潮湿处。俄罗斯、日本也
有分布。

食用部位：嫩根茎、嫩苗及嫩叶。

食用方法：嫩根茎洗净，切片凉拌或与肉炒食、炖食，也常用于制作
酱菜；嫩苗及嫩叶洗净，沸水焯（烫）1～2分钟，用清水泡洗后，可炒食。

011　硬毛地笋 *Lycopus lucidus* var. *hirtus*

科属：唇形科地笋属

别名：地笋

识别特征：与地笋不同处在于茎棱上被向上小硬毛，节上密集硬毛，叶披针形，暗绿色，上面密被细刚毛状硬毛，叶缘具缘毛，下面主要在肋及脉上被刚毛状硬毛，边缘具锐齿。

产地与生境：几乎遍及全中国，常生于海拔可达2100米的沼泽地、水边等潮湿处。俄罗斯及日本也有分布。

食用部位：嫩根茎、嫩苗及嫩叶。

食用方法：同地笋。

012　草石蚕 *Stachys affinis*

科属：唇形科水苏属

别名：甘露子

识别特征：多年生草本，高30～120厘米。根茎白色，顶端有念珠状或螺蛳形的肥大块茎。茎生叶卵圆形或长椭圆状卵圆形，边缘有规则的圆齿状锯齿。轮伞花序通常6花，花冠粉红至紫红色。坚果。花期7～8月份，果期9月份。

产地与生境：野生于华北及西北各地区，其他均多栽培，常生于湿润地及积水处，海拔可达3200米。

食用部位：地下块茎。

食用方法：块茎洗净，可炒食、凉拌，常用于制作酱菜或泡菜。

013　蕉芋 *Canna indica* 'Edulis'

科属：美人蕉科美人蕉属

别名：姜芋

识别特征：根茎发达，多分枝，块状，高可达3米。叶片长圆形或卵状长圆形，叶面绿色，边绿或背面紫色，叶鞘边缘紫色。总状花序单生或分叉，少花，小苞片淡紫色，花冠管杏黄色，花冠裂片杏黄而顶端染紫。花期9～10月份。

产地与生境：我国南部及西南部有栽培，原产于西印度群岛和南美洲。

食用部位：块茎。

食用方法：块茎可煮食，也常制作成蕉芋粉，可做成蕉芋羹、蒸糕等。

014 野百合 *Lilium brownii*

科属：百合科百合属

识别特征：鳞茎球形，直径2～4.5厘米，茎高0.7～2米。叶散生，通常自下向上渐小，披针形、窄披针形至条形。花单生或几朵排成近伞形，花喇叭形，有香气，乳白色，外面稍带紫色。蒴果。花期5～6月份，果期9～10月份。

产地与生境：产于我国广东、广西、湖南、湖北、江西、安徽、福建、浙江、四川、云南、贵州、陕西、甘肃和河南。常生于海拔100～2150米的山坡、灌木林下、路边、溪旁或石缝中。

食用部位：鳞茎。

食用方法：鳞茎于秋季收获后，可做各种菜肴，多用于炒肉、蒸炖、煲汤或用于菜肴的配料，也可用于煲粥。

015 百合 *Lilium brownii* var. *viridulum*

科属：百合科百合属

识别特征：鳞茎球形，白色，高1米左右。叶散生，叶倒披针形至倒卵形。花单生或几朵排成近伞形，花喇叭形，乳白色，具香气，外面稍带紫色。花期夏季，果期秋季。

产地与生境：产于我国河北、山西、河南、陕西、湖北、湖南、江西、安徽和浙江，常生于海拔300～920米的山坡草丛中、疏林下、山沟旁、地边或村旁，也有栽培。

食用部位：鳞茎。

食用方法：同野百合。

016　渥丹 *Lilium concolor*

科属：百合科百合属

别名：山丹

识别特征：鳞茎卵球形，茎高30～50厘米。叶散生，条形，边缘有小乳头状突起。花1～5朵排成近伞形或总状花序，花直立，深红色，无斑点。蒴果。花期6～7月份，果期8～9月份。

产地与生境：产于我国河南、河北、山东、山西、陕西和吉林，常生于海拔350～2000米的山坡草丛、路旁、灌木丛下。

食用部位：鳞茎。

食用方法：同野百合。

017　有斑百合 *Lilium concolor* var. *pulchellum*

科属：百合科百合属

识别特征：鳞茎卵状球形，茎高28～60厘米。叶散生，条形或条状披针形。花1至数朵，花直立，深红色，有褐色斑点。蒴果。花期6～7月份，果期8～9月份。

产地与生境：产于我国河北、山东、山西、内蒙古及东北，常生于海拔600～2170米的阳坡草地和林下湿地。朝鲜和俄罗斯也有分布。

食用部位：鳞茎。

食用方法：同野百合。

018 毛百合 *Lilium dauricum*

科属：百合科百合属

识别特征：鳞茎卵状球形，高约1.5厘米，茎高50～70厘米。叶散生，在茎顶端有4～5枚叶片轮生，基部有一簇白绵毛。花1～2朵顶生，橙红色或红色，有紫红色斑点。蒴果。花期6～7月份，果期8～9月份。

产地与生境：产于我国东北、内蒙古和河北，常生于海拔450～1500米的山坡灌木丛间、疏林下、路边及湿润的草甸。朝鲜、日本、蒙古和俄罗斯也有分布。

食用部位：鳞茎。

食用方法：同野百合。

019　川百合 *Lilium davidii*

科属：百合科百合属

识别特征：鳞茎扁球形或宽卵形，茎高50～100厘米。叶多数，散生，条形，先端急尖，中脉明显，叶腋有白色绵毛。花单生或2～8朵排成总状花序。花下垂，橙黄色，花瓣顶端向基部约2/3有紫黑色斑点。蒴果。花期7～8月份，果期9月份。

产地与生境：产于我国四川、云南、陕西、甘肃、河南、山西和湖北。常生于海拔850～3200米的山坡草地、林下潮湿处或林缘。

食用部位：鳞茎。

食用方法：同野百合。

020 兰州百合 *Lilium davidii* var. *willmottiae*

科属：百合科百合属

识别特征：与川百合的区别是叶通常为三脉，叶腋没有白色绵毛。蒴果。花期7～8月份，果期9月份。

产地与生境：产于我国湖北、四川、云南及陕西。

食用部位：鳞茎。

食用方法：同野百合。

021　东北百合 *Lilium distichum*

科属：百合科百合属

识别特征：鳞茎卵圆形，高2.5～3厘米。鳞片披针形，叶1轮共7～9枚生于茎中部，还有少数散生叶，倒卵状披针形至矩圆状披针形，无毛。花2～12朵，排列成总状花序，花淡橙红色，具紫红色斑点。蒴果。花期7～8月份，果期9月份。

产地与生境：产于我国吉林和辽宁，常生于海拔200～1800米的山坡林下、林缘、路边或溪旁。

食用部位：鳞茎。

食用方法：同野百合。

022　湖北百合 *Lilium henryi*

科属：百合科百合属

识别特征：鳞茎近球形，茎高100～200厘米。叶两型，中、下部的矩圆状披针形，具短柄，上部的卵圆形，无柄。总状花序具2～12朵花，花橙色，具稀疏的黑色斑点。蒴果。花期6～7月份，果期8月份。

产地与生境：产于我国湖北、江西和贵州，常生于海拔700～1000米的山坡上。

食用部位：鳞茎。

食用方法：同野百合。

023　药百合 *Lilium henryi*

科属：百合科百合属

识别特征：鳞片宽披针形，长2厘米，茎高60～120厘米。叶散生，宽披针形、矩圆状披针形或卵状披针形。花1～5朵，下垂，白色，下部有紫红色斑块和斑点。蒴果。花期7～8月份，果期10月份。

产地与生境：产于我国安徽、江西、浙江、湖南和广西。常生于海拔650～900米的阴湿林下及山坡草丛中。

食用部位：鳞茎。

食用方法：同野百合。

024 山丹 *Lilium pumilum*

科属：百合科百合属

别名：细叶百合

识别特征：鳞茎卵形或圆锥形，茎高15～60厘米。叶散生，条形。花单生或数朵排成总状花序，鲜红色，通常无斑点，有时有少数斑点，下垂。蒴果。花期7～8月份，果期9～10月份。

产地与生境：产于我国河北、河南、山西、陕西、宁夏、山东、青海、甘肃、内蒙古及东北，常生于海拔400～2600米的山坡草地或林缘。俄罗斯、朝鲜、蒙古也有分布。

食用部位：鳞茎。

食用方法：同野百合。

025　卷丹百合 *Lilium tigrinum*

科属：百合科百合属

识别特征：鳞茎近宽球形，茎高0.8～1.5米。叶散生，矩圆状披针形或披针形，先端有白毛。花3～6朵或更多，花下垂，花橙红色，有紫黑色斑点。蒴果。花期7～8月份，果期9～10月份。

产地与生境：产于我国江苏、浙江、安徽、江西、湖南、湖北、广西、四川、青海、西藏、甘肃、陕西、山西、河南、河北、山东和吉林等地区，常生于海拔400～2500米的山坡灌木林下、草地，路边或水旁。日本、朝鲜也有分布。

食用部位：鳞茎。

食用方法：同野百合。

026　薤头 *Allium chinense*

科属：百合科葱属

别名：薤

识别特征：鳞茎数枚聚生，狭卵状。叶2～5枚，具3～5棱的圆柱状，中空。花葶侧生，圆柱状，伞形花序近半球状，花淡紫色至暗紫色。花果期10～11月份。

产地与生境：我国长江流域和以南各地区广泛栽培，也有野生。

食用部位：鳞茎。

食用方法：挖取鳞茎后洗净，可炒食、煮粥、腌渍或用于菜肴配料。

027 薤白 *Allium macrostemon*

科属：百合科葱属

别名：小根蒜

识别特征：鳞茎近球状，基部常具小鳞茎。叶3～5枚，半圆柱状，中空。花葶圆柱状，伞形花序具多而密集的花，或间具珠芽或有时全为珠芽，花淡紫色或淡红色。花果期5～7月份。

产地与生境：我国除新疆、青海外，全国各地区均产，常生于海拔1500米以下的山坡、丘陵、山谷或草地上。俄罗斯、朝鲜和日本也有分布。

食用部位：鳞茎及嫩茎叶。

食用方法：春夏挖取鳞茎，洗净，可直接蘸酱食用，或凉拌、炒食或用于菜肴配料；嫩茎叶洗净切段，可凉拌、炒食等。

028 花魔芋 *Amorphophallus konjac*

科属：天南星科魔芋属

别名：魔芋

识别特征：块茎扁球形。叶片绿色，3裂，一次裂片具长50厘米的柄，二歧分裂，二次裂片二回羽状分裂或二回二歧分裂，裂片基部的较小，向上渐大。佛焰苞漏斗形，外面绿色，内面深紫色。肉穗花序比佛焰苞长，紫色。浆果。花期4～6月份，果8～9月份成熟。

产地与生境：我国自陕西、甘肃、宁夏至江南各地区都有分布，常生于疏林下、林缘或溪谷两旁湿润地。喜马拉雅山地至泰国、越南也有分布。

食用部位：块茎。

食用方法：块茎可加工成魔芋豆腐供食用。

029　疏毛魔芋 *Amorphophallus sinensis*

科属：天南星科魔芋属

别名：土半夏

识别特征：块茎扁球形。鳞叶2，卵形，叶片3裂，第一次裂片二歧分叉，最后羽状深裂，小裂片卵状长圆形，渐尖。佛焰苞管部席卷，外面绿色，具白色斑块，内面暗青紫色，檐部展开为斜漏斗状，外面淡绿色，内面淡红色。肉穗花序。浆果。花期5月份。

产地与生境：产于我国江苏、浙江、福建大部分地区，常生于海拔800米以下的林下、灌木丛中。

食用部位：块茎。

食用方法：同花魔芋。

030　水烛 *Typha angustifolia*

科属：香蒲科香蒲属

别名：水蜡烛

识别特征：多年生、水生或沼生草本，高1.5～3米。根状茎乳黄色、灰黄色，先端白色。叶片上部扁平，中部以下腹面微凹。雌雄花序相距2.5～6.9厘米。坚果。花果期6～9月份。

产地与生境：产于我国东北、内蒙古、河北、山东、河南、陕西、甘肃、新疆、江苏、湖北、云南、台湾等地区。常生于湖泊、河流、池塘浅水处。南亚、日本、俄罗斯、欧洲、美洲及大洋洲也有分布。

食用部位：根状茎先端。

食用方法：根状茎先端白色部分，称为蒲菜，采收后洗净，切段，可炒食或做汤。

031 宽叶香蒲 *Typha latifolia*

科属：香蒲科香蒲属

别名：象牙菜

识别特征：多年生水生或沼生草本，高1～2.5米。根状茎乳黄色，先端白色。叶条形，叶片长光滑无毛，上部扁平，背面中部以下逐渐隆起。雌雄花序紧密相接。坚果。花果期5～8月份。

产地与生境：产于我国东北、内蒙古、河北、河南、陕西、甘肃、新疆、浙江、四川、贵州、西藏等地区，常生于湖泊、池塘、沟渠、河流的缓流浅水带。日本、俄罗斯、亚洲其他地区、欧洲、美洲、大洋洲均有分布。

食用部位：根状茎先端。

食用方法：同水烛。

032 香蒲 *Typha orientalis*

科属：香蒲科香蒲属

别名：东方香蒲

识别特征：多年生水生或沼生草本，高1.3～2米。根状茎乳白色。叶片条形，上部扁平，下部腹面微凹，背面逐渐隆起呈凸形。雌雄花序紧密连接。坚果。花果期5～8月份。

产地与生境：产于我国东北、内蒙古、河北、山西、河南、陕西、安徽、江苏、浙江、江西、广东、云南、台湾等地区，常生于湖泊、池塘、沟渠、沼泽及河流缓流带。菲律宾、日本、俄罗斯及大洋洲等地均有分布。

食用部位：根状茎先端。

食用方法：同水烛。

033　手参 *Gymnadenia conopsea*

科属：兰科手参属

别名：手掌参。

识别特征：植株高20～60厘米，块茎椭圆形，肉质，下部掌状分裂。叶片线状披针形、狭长圆形或带形。总状花序，花粉红色，罕为粉白色。蒴果。花期6～8月份。

产地与生境：产于我国东北、内蒙古、河北、山西、陕西、甘肃、四川、云南、西藏，常生于海拔265～4700米的山坡林下、草地或砾石滩草丛中。朝鲜、日本、俄罗斯及欧洲也有分布。

食用部位：块茎。

食用方法：块茎洗净，可用于炖鸡、炖排骨或用于煲汤。

034　短距手参 *Gymnadenia crassinervis*

科属：兰科手参属

识别特征：植株高23～55厘米。块茎椭圆形，肉质，下部掌状分裂，裂片细长。叶片椭圆状长圆形，先端急尖，基部收狭。总状花序，花粉红色，罕带白色。蒴果。花期6～7月份，果期8～9月份。

产地与生境：产于我国四川、云南、西藏，常生于海拔3500～3800米的山坡杜鹃林下或山坡岩石缝隙中。

食用部位：块茎。

食用方法：同手参。

035 西南手参 *Gymnadenia orchidis*

科属：兰科手参属

识别特征：植株高17～35厘米。块茎卵状椭圆形，肉质，下部掌状分裂，裂片细长。总状花序具多数密生的花，花紫红色或粉红色，极罕为带白色。蒴果。花期7～9月份。

产地与生境：产于我国陕西、甘肃、青海、湖北、四川、云南、西藏，常生于海拔2800～4100米的山坡林下、灌木丛下和高山草地中。

食用部位：块茎。

食用方法：同手参。

三、食花类

001　玉兰 *Yulania denudata*

科属：木兰科玉兰属

别名：木兰、玉堂春

识别特征：落叶乔木，高达25米。叶纸质，倒卵形、宽倒卵形或倒卵状椭圆形。花先叶开放，芳香，花被片9片，白色，基部常带粉红色。蓇葖果。花期2～3月份，果期8～9月份。

产地与生境：产于我国江西、浙江、湖南、贵州，常生于海拔500～1000米的林中。

食用部位：花被片。

食用方法：花被片可作主料或配料，与肉类等炒食或作配料。花被片也可以用于熏茶。

002　量天尺 *Hylocereus undatus*

科属：仙人掌科量天尺属

别名：三棱箭、火龙果

识别特征：攀援肉质灌木，长3～15米。分枝多数，具3角或棱，棱常翅状，边缘波状或圆齿状，深绿色至淡蓝绿色。花漏斗状，于夜间开放，萼状花被片黄绿色，瓣状花被片白色。浆果。花期7～12月份。

产地与生境：分布于中美洲至南美洲北部，在我国福建、广东、海南、台湾以及广西逸为野生。

食用部位：花及果实。

食用方法：鲜用或晒干备用，鲜花洗净可与猪肉等炖食，干制品主要用于煲汤。果实可直接食用。

003 昙花 *Epiphyllum oxypetalum*

科属：仙人掌科昙花属

识别特征：附生肉质灌木，高2～6米。老茎圆柱状，木质化，分枝多数，叶状侧扁，披针形至长圆状披针形，边缘波状或具深圆齿。花单生，漏斗状，于夜间开放，芳香，瓣状花被片白色。浆果。花期6～10月份。

产地与生境：原产于美洲，该种在云南部分地区逸为野生。

食用部位：花及果实。

食用方法：同量天尺。

004　木棉 *Bombax ceiba*

科属：木棉科木棉属

别名：红棉、英雄树

识别特征：落叶大乔木，高可达25米。掌状复叶，小叶5～7片，长圆形至长圆状披针形，顶端渐尖，基部阔或渐狭，全缘。花通常红色，有时橙红色、黄色，花瓣肉质。蒴果。花期3～4月份，果夏季成熟。

产地与生境：产于我国云南、四川、贵州、广西、江西、广东、福建、台湾等地区亚热带，常生于海拔1400～1700米以下的干热河谷、沟谷季雨林内。东南亚至澳大利亚也有分布。

食用部位：花可供蔬食。

食用方法：花晒干后作菜肴原料，可用于煲汤，也可作炒菜的配料，或用于煮粥。

005　白花重瓣木槿 *Hibiscus syriacus* var. *alboplenus*

科属：锦葵科木槿属

别名：朝开暮落花

识别特征：落叶灌木，高3～4米。叶菱形至三角状卵形，具深浅不同的3裂或不裂，先端钝，基部楔形，边缘具不整齐齿缺。花单生，白色，重瓣。蒴果。花期7～10月份。

产地与生境：产于我国福建、广东、广西、四川、贵州、云南、湖南、湖北、江西、安徽、浙江、江苏等地区。常见的还有白花单瓣木槿 var. *totoalbus*，花单瓣。

食用部位：花。

食用方法：鲜花作菜肴原料，可用于煲汤，也可作炒菜的配料，或用于煮粥。

006 蜡梅 *Chimonanthus praecox*

科属：蜡梅科蜡梅属

别名：腊梅

识别特征：落叶灌木，高达4米。叶纸质至近革质，卵圆形、椭圆形、宽椭圆形至卵状椭圆形，有时长圆状披针形。先花后叶，花芳香，黄色。果坛状或倒卵状椭圆形。花期11月份至翌年3月份，果期4～11月份。

产地与生境：野生于我国山东、江苏、安徽、浙江、福建、江西、湖南、湖北、河南、陕西、四川、贵州、云南等地区，常生于山地林中。

食用部位：花朵。

食用方法：鲜花味美清香，可用于制作鱼头汤、烩肉等，也常用于煮粥。还可制作糖饯保藏食用。

007　白花洋紫荆 *Bauhinia variegata* var. *candida*

科属：苏木科羊蹄甲属

别名：大白花、老白花

识别特征：落叶乔木。叶近革质，广卵形至近圆形，宽度常超过于长度，先端2裂达叶长的1/3。总状花序，花大，白色，近轴的一片或有时全部花瓣均杂以淡黄色的斑块。荚果。花期全年，3月份最盛。

产地与生境：我国云南有野生。

食用部位：花。

食用方法：鲜花用清水洗净，用开水焯（煮）变软后用冷水浸泡，挤干水分后与肉、青椒等炒食。

008　洋紫荆 *Bauhinia variegata*

科属：苏木科羊蹄甲属

别名：宫粉羊蹄甲

识别特征：落叶乔木。叶近革质，广卵形至近圆形，先端2裂达叶长的1/3。总状花序，少花，花大，紫红色或淡红色，杂以黄绿色及暗紫色的斑纹，能育雄蕊5。荚果。花期全年，3月份最盛。

产地与生境：产于我国南部。印度有分布。

食用部位：花芽、嫩叶和幼果。

食用方法：花芽、嫩叶和幼果用开水焯（烫）1～2分钟后可与肉炒食。

009　刺槐 *Robinia pseudoacacia*

科属：蝶形花科刺槐属

别名：洋槐

识别特征：落叶乔木，高10～25米。羽状复叶，小叶2～12对，常对生，椭圆形、长椭圆形或卵形，先端圆，基部圆至阔楔形，全缘，总状花序，花多数，芳香，花冠白色。荚果。花期4～6月份，果期8～9月份。

产地与生境：原产于美国东部，17世纪传入欧洲及非洲。我国于18世纪末从欧洲引入青岛栽培，现全国各地广泛栽植。

食用部位：花蕾及花。

食用方法：将花蕾及花用开水焯（烫）1分钟后清水漂洗去除苦味，用于凉拌、炒食、煲汤或做馅料，也可用于制作米饭。

010 槐 *Sophora japonica*

科属：蝶形花科槐属

别名：槐树

识别特征：乔木，高达25米。羽状复叶，小叶4～7对，对生或近互生，纸质，卵状披针形或卵状长圆形。圆锥花序顶生，常呈金字塔形，花冠白色或淡黄色。荚果。花期7～8月份，果期8～10月份。

产地与生境：原产于中国，华北和黄土高原地区尤为多见。日本、越南也有分布。

食用部位：花。

食用方法：鲜花洗净后可与肉炒、蒸制、做馅均可，也可做槐花饭。

011　大花田菁 *Sesbania grandiflora*

科属：蝶形花科田菁属

别名：木田菁

识别特征：小乔木，高4～10米。羽状复叶，小叶10～30对，长圆形至长椭圆形，先端圆钝至微凹，基部圆形至阔楔形。总状花序，花大，花冠白色、粉红色至玫瑰红色。荚果。花果期9月份至翌年4月份。

产地与生境：产于巴基斯坦、印度、孟加拉国、菲律宾、毛里求斯等地，我国南方有栽培。

食用部位：花苞和嫩叶。

食用方法：花苞采摘后去掉雄蕊，可炒食；嫩叶清洗后切碎，可与肉、尖椒等炒食，也可制作沙拉。

012 紫藤 *Wisteria sinensis*

科属：蝶形花科紫藤属

识别特征：落叶藤本。奇数羽状复叶，小叶3～6对，纸质，卵状椭圆形至卵状披针形，上部小叶较大，基部1对最小。总状花序，芳香，花冠紫色。荚果。花期4月中旬至5月上旬，果期5～8月份。

产地与生境：产于我国河北以南黄河长江流域及陕西、河南、广西、贵州、云南。另常见的有白花花紫藤 f. *alba*，花白色，产于湖北。

食用部位：花。

食用方法：花朵采摘后用清水漂洗，可与肉炒食、煮粥或做馅。

013 大白杜鹃 *Rhododendron decorum*

科属：杜鹃花科杜鹃花属

别名：大白花杜鹃

识别特征：常绿灌木或小乔木，高1～3米，稀达6～7米。叶厚革质，长圆形、长圆状卵形至长圆状倒卵形。顶生总状伞房花序，有香味，花冠淡红色或白色。蒴果。花期4～6月份，果期9～10月份。

产地与生境：产于我国四川、贵州、云南和西藏，常生于海拔1000～4000米的灌木丛中或森林下。缅甸也有分布。

食用部位：花瓣。

食用方法：鲜花采摘后，去掉花蕊，仅留花瓣，用开水焯（烫）1分钟后再用冷水浸泡，漂去苦涩味后可炒食或煮汤。

014 映山红 *Rhododendron simsii*

科属：杜鹃花科杜鹃花属

别名：杜鹃

识别特征：落叶灌木，高2～5米。叶革质，常集生枝端，卵形、椭圆状卵形或倒卵形，或倒卵形至倒披针形。花冠阔漏斗形，玫瑰色、鲜红色或暗红色。蒴果。花期4～5月份，果期6～8月份。

产地与生境：产于我国江苏、安徽、浙江、江西、福建、台湾、湖北、湖南、广东、广西、四川、贵州和云南，常生于海拔500～2500米的山地疏灌木丛或松林下。

食用部位：花瓣。

食用方法：采摘刚开放的花朵，去掉花蕊，开水焯（烫）后，冷水浸泡去除苦涩味，可与肉炒食或做汤，花瓣也可生食。

015　苦绳 *Dregea sinensis*

科属：萝藦科南山藤属

别名：白丝藤、奶浆花

识别特征：攀援木质藤本。叶纸质，卵状心形或近圆形。伞形状聚伞花序腋生，着花多达20朵；花冠内面紫红色，外面白色。蓇葖果。花期4～8月份，果期7～10月份。

产地与生境：产于我国浙江、江苏、湖北、广西、云南、贵州、四川、甘肃、陕西，常生于海拔500～3000米的山地疏林中或灌木丛中。

食用部位：花序。

食用方法：花序清水洗净，可挂蛋液油煎食用或与鸡蛋同炒食用。

016　夜来香 *Telosma cordata*

科属：萝藦科夜来香属

别名：夜香花

识别特征：柔弱藤状灌木。叶膜质，卵状长圆形至宽卵形，顶端短渐尖，基部心形。伞形状聚伞花序，着花多达30朵，花冠黄绿色，高脚碟状。蓇葖果。花期5～8月份，极少结果。

产地与生境：原产于我国华南地区，常生长于山坡灌木丛中。

食用部位：花。

食用方法：鲜花洗净可与肉类或蛋类炒食，也常用于煲汤。

017　月光花 *Ipomoea alba*

科属：旋花科番薯属

别名：嫦娥奔月

识别特征：一年生、大的缠绕草本，长可达10米。叶卵形，先端长锐尖或渐尖，基部心形，全缘或稍有角或分裂。花大，夜开，芳香，雪白色，瓣中带淡绿色。蒴果。花期11月份。

产地与生境：产于我国陕西、江苏、浙江、江西、广东、广西、四川、云南，通常栽培，也有野生的。原产地可能为美洲热带，现广泛分布于热带地区。

食用部位：花。

食用方法：花朵采摘后晒干，用于煲汤。

018 火烧花 *Mayodendron igneum*

科属：紫葳科火烧花属

别名：缅木

识别特征：常绿乔木，高可达15米。大型奇数2回羽状复叶，小叶卵形至卵状披针形，顶端长渐尖，基部阔楔形，全缘。花序有花5～13朵，花橙黄色至金黄色。蒴果。花期2～5月份，果期5～9月份。

产地与生境：产于我国台湾、广东、广西、云南南部，常生于海拔150～1900米的干热河谷、低山丛林。越南、老挝、缅甸、印度也有分布。

食用部位：花。

食用方法：鲜花采摘后洗净，用开水焯（烫）1分钟后，可与肉同炒或用于煲汤。

019 姜花 *Hedychium coronarium*

科属：姜科姜花属

别名：蝴蝶花

识别特征：茎高1～2米。叶片长圆状披针形或披针形，顶端长渐尖，基部急尖。穗状花序，花芬芳，白色，唇瓣倒心形，白色。花期8～12月份。

产地与生境：产于我国四川、云南、广西、广东、湖南和台湾，常生于林中或栽培。东南亚至澳大利亚也有分布。

食用部位：花苞、花瓣。

食用方法：花苞或花瓣洗净后可用于炖肉、炒食或用作菜肴的配料，也可做汤。

020　蘘荷 *Zingiber mioga*

科属：姜科姜属

别名：野姜

识别特征：株高0.5～1米。叶片披针状椭圆形或线状披针形，顶端尾尖。穗状花序，总花梗短，苞片红绿色，花冠管较萼片长，淡黄色，唇瓣卵形，3裂。果倒卵形，熟时裂成3瓣。花期8～10月份。

产地与生境：产于我国安徽、江苏、浙江、湖南、江西、广东、广西和贵州，常生于山谷中阴湿处。

食用部位：嫩花序。

食用方法：嫩花序洗净后用开水焯（烫）2～3分钟，可与肉炒食、炖肉，也可将花序煮熟后凉拌。

021 阳荷 *Zingiber striolatum*

科属：姜科姜属

识别特征：株高1～1.5米。叶片披针形或椭圆状披针形，顶端具尾尖，基部渐狭。总花梗极短，苞片红色，花冠管白色，裂片白色或稍带黄色，有紫褐色条纹，唇瓣浅紫色。蒴果。花期7～9月份，果期9～11月份。

产地与生境：产于我国四川、贵州、广西、湖北、湖南、江西、广东，常生于海拔300～1900米的林荫下、溪边。

食用部位：嫩花序。

食用方法：同襄荷。

022　黄花菜 *Hemerocallis citrina*

科属：百合科萱草属

别名：金针菜、柠檬萱草

识别特征：多年生草本。叶7～20枚，长50～130厘米。花葶长短不一，一般稍长于叶，花多朵，最多可达100朵以上，花被淡黄色，有时在花蕾时顶端带黑紫色。蒴果。花果期5～9月份。

产地与生境：产于秦岭以南各地区以及河北、山西和山东，常生于海拔2000米以下的山坡、山谷、荒地或林缘。

食用部位：花。

食用方法：采摘没开放的花朵，经过蒸、晒，加工成干菜，即金针菜或黄花菜，可与肉炒食。**但鲜花食用时，需摘除花药，需炒熟，以防中毒。**

023 萱草 *Hemerocallis fulva*

科属：百合科萱草属

别名：忘萱草

识别特征：多年生草本。叶2
列，叶片宽线形至线状披针形，通
常鲜绿色。花葶高可达1.2米，圆
锥花序，花大型，无香味，橘红色
至橘黄色，内花被裂片下部一般有
∧形彩斑。花果期为5～7月份。

产地与生境：全国各地常见栽培，秦岭以南各地区有野生的。

食用部位：花。

食用方法：同黄花菜。

024　大苞萱草 *Hemerocallis middendorfii*

　　科属：百合科萱草属

　　别名：大花萱草

　　识别特征：多年生草本。叶长50～80厘米，通常宽1～2厘米，柔软，上部下弯。花茎与叶近等长，在顶端聚生2～6朵花，花被金黄色或橘黄色。蒴果。花果期6～10月份。

　　产地与生境：产于我国东北，常生于海拔较低的林下、湿地、草甸或草地上。朝鲜、日本和俄罗斯也有分布。

　　食用部位：花。

　　食用方法：同黄花菜。

025 小黄花菜 *Hemerocallis minor*

科属：百合科萱草属

识别特征：多年生草本。叶长20～60厘米，宽3～14毫米。花葶稍短于叶或近等长，顶端具1～2花，少有具3花，花被淡黄色。蒴果。花果期5～9月份。

产地与生境：产于我国东北、内蒙古、河北、山西、山东、陕西和甘肃，常生于海拔2300米以下的草地、山坡或林下。朝鲜和俄罗斯也有分布。

食用部位：花。

食用方法：同黄花菜。

三、食花类

026 玉簪 *Hosta plantaginea*

科属：百合科玉簪属

识别特征：多年生草本。叶卵状心形、卵形或卵圆形，先端近渐尖，基部心形。花葶具几朵至十几朵花，花单生或2～3朵簇生，白色，芳香。蒴果。花果期8～10月份。

产地与生境：产于我国四川、湖北、湖南、江苏、安徽、浙江、福建和广东，常生于海拔2200米以下的林下、草坡或岩石边。

食用部位：花。

食用方法：采摘鲜花后去掉花蕊，开水焯（烫）后可与肉炒食。

027　棕榈 *Trachycarpus fortunei*

科属：棕榈科棕榈属

别名：棕树

识别特征：乔木状，高3～10米或更高。叶片呈3/4圆形或者近圆形，深裂成30～50片，线状剑形。花序粗壮，多次分枝，通常是雌雄异株。雄花黄绿色，雌花淡绿色。果实阔肾形。花期4月份，果期12月份。

产地与生境：分布于我国长江以南各地区，通常栽培，罕见野生于疏林中。日本也有分布。

食用部位：未开放的花苞。

食用方法：花苞采摘后，用开水煮15分钟，然后放冷水中浸泡两天，以去除苦味，做菜时，可将花苞再煮15分钟，捞出控水，可与肉同炒食用。

001 山苍子 *Litsea cubeba*

科属：樟科木姜子属

别名：山鸡椒

识别特征：落叶灌木或小乔木，高达8～10米。枝、叶具芳香味。叶互生，披针形或长圆形，先端渐尖，基部楔形，纸质。伞形花序单生或簇生，花被裂片6。果近球形。花期2～3月份，果期7～8月份。

产地与生境：产于我国广东、广西、福建、台湾、浙江、江苏、安徽、湖南、湖北、江西、贵州、四川、云南、西藏，常生于海拔500～3200米向阳的山地、灌木丛、疏林或林中路旁、水边。东南亚各国也有分布。

食用部位：叶及果实。

食用方法：叶含芳香油，可用于菜肴调味，果实盐渍后可佐食。

002 假蒟 *Piper sarmentosum*

科属：胡椒科胡椒属

识别特征：多年生、匍匐、逐节生根草本，长数米至10余米。叶近膜质，下部的阔卵形或近圆形，上部的叶小，卵形或卵状披针形。花单性，雌雄异株，聚集成与叶对生的穗状花序。浆果。花期4～11月份。

产地与生境：产于我国福建、广东、广西、云南、贵州及西藏，常生于林下或村旁湿地上。东南亚也有分布。

食用部位：嫩茎叶。

食用方法：采摘嫩茎叶，洗净后可用于煎蛋、炖肉或炒食，也可做汤或凉拌，多用于调味。

003　水蓼 *Polygonum hydropiper*

科属：蓼科萹蓄属

别名：辣蓼

识别特征：一年生草本，高40～70厘米。叶披针形或椭圆状披针形，顶端渐尖，基部楔形，具辛辣味。总状花序呈穗状，顶生或腋生，花绿色，上部白色或淡红色。瘦果。花期5～9月份，果期6～10月份。

产地与生境：分布于我国南北各地区。常生于海拔50～3500米的河滩、水沟边、山谷湿地。朝鲜、日本、印度尼西亚、印度、欧洲及北美洲也有分布。

食用部位：摘嫩苗和嫩叶。

食用方法：古代常用作调味剂，嫩苗和嫩叶沸水焯（烫）2～3分钟后，用清水漂洗，去除辛辣味后即可凉拌、炒、蒸、煮汤等或调味用。

004 玫瑰茄 *Hibiscus sabdariffa*

科属：锦葵科木槿属

别名：山茄子

识别特征：一年生直立草本，高达2米。叶异型，下部的叶卵形，不分裂，上部的叶掌状3深裂，裂片披针形，具锯齿。花生于叶腋，花萼杯状，淡紫色，宿存，花黄色，内面基部深红色。蒴果。花期夏秋间。

产地与生境：原产于东半球热带地区，我国南方有栽培。

食用部位：花及花萼。

食用方法：花朵及萼片洗净，煮熟，制作果酱，味酸，用以佐餐。萼片晒干后可用作茶饮。

005　胡卢巴 *Trigonella foenum-graecum*

科属：蝶形花科胡卢巴属

别名：香草

识别特征：一年生草本，高30～80厘米。羽状三出复叶，小叶长倒卵形、卵形至长圆状披针形，近等大。花冠黄白色或淡黄色，基部稍呈堇青色。种子长圆状卵形。花期4～7月份，果期7～9月份。

产地与生境：我国南北各地均有栽培，在西南、西北各地呈半野生状态。地中海东岸、中东、伊朗高原等地区也有分布。

食用部位：嫩茎叶。

食用方法：嫩茎叶可作蔬菜食用，全草含香气，多用作调味，也可晒干使用，如制作卤菜，可增加香味。

006　粗叶榕 *Ficus hirta*

科属：桑科榕属

别名：五指毛桃

识别特征：灌木或小乔木，叶和榕果均被金黄色开展的长硬毛。叶互生，纸质，多型，长椭圆状披针形或广卵形，边缘具细锯齿，有时全缘或3～5深裂。榕果球形或椭圆球形，花被片4。瘦果。

产地与生境：产于我国云南、贵州、广西、广东、海南、湖南、福建、江西，常见于村寨附近旷地或山坡林边。东南亚也有分布。

食用部位：根。

食用方法：根具有奶香味或椰香味，多用于煲汤调味。

007　竹叶花椒 *Zanthoxylum armatum*

科属：芸香科花椒属

别名：山花椒

识别特征：高3～5米的落叶小乔木。叶有小叶3～9、稀11片，小叶对生，通常披针形，两端尖，或为椭圆形，有时为卵形。花被片6～8片。果紫红色。花期4～5月份，果期8～10月份。

产地与生境：产于我国山东以南，见于低丘陵坡地至海拔2200米山地的多类生境。日本、朝鲜及东南亚也有分布。

食用部位：果实。

食用方法：果实可作为花椒代用品，可用于制作菜肴的调味料。

008 青花椒 *Zanthoxylum schinifolium*

科属：芸香科花椒属

别名：小花椒

识别特征：通常高1～2米的灌木。叶有小叶7～19片，小叶纸质，对生，宽卵形至披针形，或阔卵状菱形。花序顶生，花或多或少，花瓣淡黄白色。分果瓣红褐色。花期7～9月份，果期9～12月份。

产地与生境：产于我国五岭以北、辽宁以南大多数地区，云南不产，常见于平原至海拔800米的山地疏林或灌木丛中或岩石旁等多类生境。朝鲜、日本也有分布。

食用部位：果实。

食用方法：同竹叶花椒。

009 刺芫荽 *Eryngium foetidum*

科属：伞形科刺芹属

别名：刺芹

识别特征：二年生或多年生草本，高11～40厘米或更高。基生叶披针形或倒披针形，不分裂，革质，茎生叶边缘有深锯齿，顶端不分裂或3～5深裂。头状花序，花瓣白色、淡黄色或草绿色。果卵圆形或球形。花果期4～12月份。

产地与生境：产于我国广东、广西、贵州、云南等地区，通常生长在海拔100～1540米的丘陵、山地林下、路边等湿润处。美洲、非洲也有分布。

食用部位：嫩茎叶。

食用方法：嫩茎叶可用作蔬菜炒食或用于菜肴调味。

010　乌饭树 *Vaccinium bracteatum*

科属：杜鹃花科越橘属

别名：南烛

识别特征：常绿灌木或小乔木，高2～9米。叶片薄革质，椭圆形、菱状椭圆形、披针状椭圆形至披针形，边缘有细锯齿。总状花序，花冠白色，筒状。浆果，熟时紫黑色。花期6～7月份，果期8～10月份。

产地与生境：产于我国华东、华中、华南至西南，常生于丘陵地带或海拔400～1400米的山地，常见于山坡林内或灌丛中。朝鲜、日本及东南亚也有分布。

食用部位：枝叶及果实。

食用方法：我国江南民间有做乌饭习俗，采摘枝、叶渍汁浸米，煮成"乌饭"。果实成熟后酸甜，可食。

011 密蒙花 *Buddleja officinalis*

科属：醉鱼草科醉鱼草属

别名：染饭花

识别特征：灌木，高1～4米。叶对生，叶片纸质，狭椭圆形、长卵形、卵状披针形或长圆状披针形。聚伞圆锥花序，花冠紫堇色，后变白色或淡黄白色，喉部橘黄色。蒴果。花期3～4月份，果期5～8月份。

产地与生境：主产于我国中南部及南部，常生于海拔200～2800米向阳的山坡、河边、村旁的灌木丛中或林缘。南亚也有分布。

食用部位：花朵。

食用方法：花具清香，鲜花清水煮后，留汤煮饭，色金黄。花朵也可晒干备用。

012 华南忍冬 *Lonicera confusa*

科属：忍冬科忍冬属

别名：大金银花、山金银花

识别特征：半常绿藤本。叶纸质，卵形至卵状矩圆形，顶端尖或稍钝而具小短尖头。花有香味，花冠白色，后变黄色，唇形。果实黑色。花期4～5月份，有时9～10月份开第二次花，果熟期10月份。

产地与生境：产于我国广东、海南和广西，常生于海拔最高达800米丘陵地的山坡、杂木林和灌丛中及平原旷野路旁或河边。越南北、尼泊尔也有分布。

食用部位：花蕾及初开的花朵。

食用方法：花蕾及初开的花朵晾干或阴干，干后保存。可用作菜肴配料或用于制作饮料、甜食、泡茶。

013 忍冬 *Lonicera japonica*

科属：忍冬科忍冬属

别名：金银花

识别特征：半常绿藤本。叶纸质，卵形至矩圆状卵形，有时卵状披针形，稀圆卵形或倒卵形。花冠白色，有时基部向阳面呈微红，后变黄色，唇形。果实圆形。花期4～6月份，果熟期10～11月份。

产地与生境：我国除黑龙江、内蒙古、宁夏、青海、新疆、海南和西藏外各地区均有分布，常生于海拔最高达1500米的山坡灌木丛或疏林中、路旁。日本和朝鲜也有分布。

食用部位：同华南忍冬。

食用方法：同华南忍冬。

014 红花 *Carthamus tinctorius*

科属：菊科红花属

别名：红蓝花

识别特征：一年生草本。高 20 ～ 150 厘米。中下部茎叶披针形、披状披针形或长椭圆形，边缘大锯齿、重锯齿、小锯齿以至无锯齿而全缘，极少有羽状深裂的，向上的叶渐小。头状花序，小花红色、橘红色。花果期 5 ～ 8 月份。

产地与生境：原产于中亚及俄罗斯，我国有栽培，山西、甘肃、四川有逸生。

食用部位：花。

食用方法：花冠由黄变红时采摘鲜花鲜用或晒干备用，可用作菜肴配料进行炒食、炖食。

015　云南石梓 *Gmelina arborea*

科属：马鞭草科石梓属

别名：滇石梓

识别特征：落叶乔木，高达15米。叶片厚纸质，广卵形。聚伞花序组成顶生的圆锥花序，花冠黄色，二唇形，上唇全缘或2浅裂，下唇3裂。核果。花期4～5月份，果期5～7月份。

产地与生境：产于我国云南。常生于海拔1500米以下的路边、村舍及疏林中。亚洲南部也有分布。

食用部位：花朵。

食用方法：花具特殊香味，可用于菜肴、米饭等着色之用。

016 百里香 *Thymus mongolicus*

科属：唇形科百里香属

别名：千里香

识别特征：半灌木，花枝高1.5～10厘米。叶卵圆形，先端钝或稍锐尖，基部楔形或渐狭，全缘或稀有1～2对小锯齿。花序头状，花冠紫红、紫或淡紫、粉红色。坚果。花期7～8月份。

产地与生境：产于我国甘肃、陕西、青海、山西、河北、内蒙古，常生于海拔1100～3600米的多石山地、斜坡、山谷、山沟、路旁及杂草丛中。

食用部位：嫩叶。

食用方法：嫩叶可用于肉类及海鲜等调味。

017 薄荷 *Mentha haplocalyx*

科属：唇形科薄荷属

别名：土薄荷

识别特征：多年生草本，高30～60厘米。叶片长圆状披针形、披针形、椭圆形或卵状披针形，稀长圆形。轮伞花序，花冠淡紫。坚果。花期7～9月份，果期10月份。

产地与生境：产于我国南北各地，常生于海拔3500米以下的水旁潮湿地。亚洲热带、俄罗斯、朝鲜、日本及北美洲也有分布。

食用部位：嫩茎尖。

食用方法：幼嫩茎尖可炒食、凉拌、做汤或用于调味。

018 留兰香 *Mentha spicata*

科属：唇形科薄荷属

别名：绿薄荷

识别特征：多年生草本，高40～130厘米。叶卵状长圆形或长圆状披针形，边缘具尖锐而不规则的锯齿。轮伞花序，花冠淡紫色。花期7～9月份。

产地与生境：我国新疆有野生，其他地区栽培或逸为野生。南欧、俄罗斯等地也有分布。

食用部位：嫩茎叶。

食用方法：常作菜肴调味。

019 藿香 *Agastache rugosa*

科属：唇形科藿香属

别名：苏藿香

识别特征：多年生草本，高0.5～1.5米。叶心状卵形至长圆状披针形，向上渐小，边缘具粗齿。轮伞花序多花，花冠淡紫蓝色，冠檐二唇形。坚果。花期6～9月份，果期9～11月份。

产地与生境：我国各地广泛分布。俄罗斯、朝鲜、日本及北美洲也有分布。

食用部位：嫩茎叶。

食用方法：嫩茎叶洗净后用沸水焯（烫）1～2分钟后，清水浸泡半个小时，切段炒食、凉拌、做汤或用于调味。

020　凉粉草 *Mesona chinensis*

科属：唇形科凉粉草属

别名：仙草、仙人伴

识别特征：草本，茎高15～100厘米。叶狭卵圆形至阔卵圆形或近圆形，边缘具或浅或深锯齿。轮伞花序，组成间断或近连续的顶生总状花序，花冠白色或淡红色。坚果。花、果期7～10月份。

产地与生境：产于我国台湾、浙江、江西、广东、广西，常生于水沟边及干沙地草丛中。

食用部位：植株。

食用方法：植株收获后晒干，可加水煮软，然后汁液与米浆混合煮，冷却后即成黑色胶状物，即凉粉，可以佐餐，广东梅县称作仙人拌，为特色小吃。也可用仙草汁制作仙草鸡、仙草排骨等菜肴。

021 罗勒 *Ocimum basilicum*

科属：唇形科罗勒属

别名：九层塔

识别特征：一年生草本，高20～80厘米。叶卵圆形至卵圆状长圆形，边缘具不规则牙齿或近于全缘。总状花序，由多数具6花交互对生的轮伞花序组成。花冠淡紫色，或上唇白色下唇紫红色。坚果。花期7～9月份，果期9～12月份。

产地与生境：产于我国部分地区，栽培或逸生。非洲至亚洲温暖地带也有分布。

食用部位：嫩叶。

食用方法：嫩茎叶洗净后用沸水焯（烫）1分钟，可炒食，也可用作菜肴调味。

022 紫苏 *Perilla frutescens*

科属：唇形科紫苏属

别名：白苏

识别特征：一年生直立草本。茎高0.3～2米。叶阔卵形或圆形，先端短尖或突尖，基部圆形或阔楔形，边缘在基部以上有粗锯齿。轮伞花序，花冠白色至紫红色。坚果。花期8～11月份，果期8～12月份。

产地与生境：全国各地广泛栽培，南亚及东南亚、日本、朝鲜也有分布。

食用部位：嫩叶。

食用方法：嫩叶洗净后用沸水稍焯（烫），可炒食、凉拌或做汤，也适合用于肉类菜肴的调味。

023　九翅豆蔻 *Amomum maximum*

科属：姜科豆蔻属

识别特征：株高2～3米。叶片长椭圆形或长圆形，顶端尾尖，基部渐狭。穗状花序，花冠白色，唇瓣卵圆形。蒴果卵圆形，成熟时紫绿色，种子芳香。花期5～6月份，果期6～8月份。

产地与生境：产于我国西藏、云南、广东、广西，常生于海拔350～800米的林中阴湿处。南亚至东南亚亦有分布。

食用部位：果实。

食用方法：果实可用于烹制肉类等菜肴的佐料，用于增香。

024　草果 *Amomum tsaoko*

科属：姜科豆蔻属

识别特征：茎丛生，高达3米，全株有辛香气。叶片长椭圆形或长圆形，顶端渐尖，基部渐狭。穗状花序，花冠红色，唇瓣椭圆形。蒴果密生，熟时红色，种子有浓郁香味。花期4～6月份，果期9～12月份。

产地与生境：产于我国云南、广西、贵州等地区，常生于海拔1100～1800米的疏林下。

食用部位：果实。

食用方法：同九翅豆蔻。

025 砂仁 *Amomum villosum*

科属：姜科豆蔻属

识别特征：株高1.5～3米。中部叶片长披针形，上部叶片线形，顶端尾尖，基部近圆形。穗状花序，花冠管白色，唇瓣圆匙形，白色，顶端黄色而染紫红，基部具两个紫色的痂状斑。蒴果。花期5～6月份，果期8～9月份。

产地与生境：产于我国福建、广东、广西和云南，常生于山地阴湿之处。

食用部位：果实。

食用方法：同九翅豆蔻。

026 益智 *Alpinia oxyphylla*

科属：姜科山姜属

识别特征：株高1～3米。叶片披针形，顶端渐狭，具尾尖，基部近圆形。总状花序，花萼筒状，花冠裂片长圆形，后方的1枚白色，唇瓣粉白色而具红色脉纹。蒴果。花期3～5月份，果期4～9月份。

产地与生境：产于我国广东、海南、广西，常生于林下阴湿处或栽培。

食用部位：果实。

食用方法：同九翅豆蔻。

027 滑叶山姜 *Alpinia tonkinensis*

科属：姜科山姜属

识别特征：茎较粗壮。叶片线状披针形，顶端渐尖，基部渐狭，革质。圆锥花序，花3～5朵聚生，花冠管裂片长圆形，唇瓣卵形或圆形。花期2月份。

产地与生境：产于我国广西，越南也有分布。

食用部位：根茎。

食用方法：根茎用于炖肉作佐料调味。

028　白及 *Bletilla striata*

科属：兰科白及属

识别特征：植株高18～60厘米。假鳞茎扁球形，叶4～6枚，狭长圆形或披针形，先端渐尖，基部收狭成鞘并抱茎。花序具3～10朵花，花大，紫红色或粉红色。蒴果。花期4～5月份。

产地与生境：产于我国陕西、甘肃、江苏、安徽、浙江、江西、福建、湖北、湖南、广东、广西、四川和贵州，常生于海拔100～3200米的林下、路边草丛或岩石缝中。朝鲜半岛和日本也有分布。

食用部位：假鳞茎。

食用方法：把假鳞茎洗净切片后清水漂洗3小时，去除苦涩味，可炖猪肉、炖鸡等。

029　蕙兰 *Cymbidium faberi*

科属：兰科兰属

识别特征：地生草本。假鳞茎不明显，叶5～8枚，带形，基部常对折而呈V形，边缘常有粗锯齿。总状花序，花常为浅黄绿色，唇瓣有紫红色斑，有香气。蒴果。花期3～5月份。

产地与生境：主产于我国中部及南部，常生于海拔700～3000米的湿润但排水良好的透光处。尼泊尔、印度也有分布。

食用部位：花朵。

食用方法：鲜花清水洗净，可用于做羹或菜肴配料。

030 春兰 *Cymbidium goeringii*

科属：兰科兰属

识别特征：地生植物。假鳞茎较小，卵球形，叶4～7枚，带形，下部常有点对折而呈V形，边缘无齿或具细齿。花序具单朵花，极罕2朵，通常为绿色或淡褐黄色而有紫褐色脉纹，有香气。蒴果。花期1～3月份。

产地与生境：主产于我国中南部，常生于多石山坡、林缘、林中透光处。日本、韩国、印度也有分布。

食用部位：花朵。

食用方法：同蕙兰。

031 寒兰 *Cymbidium kanran*

科属：兰科兰属

识别特征：地生植物。假鳞茎狭卵球形，叶3～7枚，带形，薄革质，暗绿色，略有光泽。花葶发自假鳞茎基部，花常为淡黄绿色而具淡黄色唇瓣，也有其他色泽，常有浓烈香气。蒴果。花期8～12月份。

产地与生境：产于我国安徽、浙江、江西、福建、台湾、湖南、广东、海南、广西、四川、贵州和云南，常生于海拔400～2400米的林下、溪谷旁。日本、朝鲜也有分布。

食用部位：花朵。

食用方法：同蕙兰。

032 柠檬香茅 *Cymbopogon citratus*

科属：禾本科香茅属

别名：香茅、柠檬草

识别特征：多年生密丛型具香味草本，秆高达2米。叶片长条形，顶端长渐尖，平滑或边缘粗糙。总状花序，无柄小穗线状披针形。花果期夏季，少见开花。

产地与生境：我国广东、海南、台湾有栽培，广泛种植于热带地区。

食用部位：嫩茎叶。

食用方法：茎叶用于肉食调味料。

五、食果类

001　芡实 *Euryale ferox*

科属：睡莲科芡属

别名：鸡头米

识别特征：一年生大型水生草本。沉水叶箭形或椭圆肾形，浮水叶革质，椭圆肾形至圆形，盾状，两面在叶脉分枝处有锐刺。花瓣紫红色，成数轮排列。浆果球形，污紫红色，种子球形。花期7～8月份，果期8～9月份。

产地与生境：产于我国南北各地区，常生在池塘、湖沼中。

食用部位：种子。

食用方法：种子含淀粉，供食用，可用于菜肴，如百合芡实煲、排骨汤、银耳羹等。

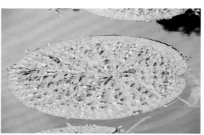

002　欧菱 *Trapa natans*

科属：菱科菱属

别名：菱

识别特征：一年生浮水水生草本。叶二型：浮水叶互生，聚生于主茎或分枝茎的顶端，叶片菱圆形或三角状菱圆形；沉水叶小，早落。花小，白色。果三角状菱形。花期5～10月份，果期7～11月份。

产地与生境：产于我国东北、陕西、河北、河南、山东、江苏、浙江、安徽、湖北、湖南、江西、福建、广东、广西等地区水域，常生于湖湾、池塘、河湾。

食用部位：果实。

食用方法：果实可用于烧肉、做汤或煮食等。

003　佛手瓜 *Sechium edule*

科属：葫芦科佛手瓜属

别名：洋丝瓜

识别特征：多年生宿根草质藤本。叶片膜质，近圆形，先端渐尖，边缘有小细齿，基部心形。雌雄同株，花淡黄绿色。果实淡绿色，倒卵形。花期7～9月份，果期8～10月份。

产地与生境：原产于南美洲，我国云南、广西、广东等地有栽培或逸为野生。

食用部位：果实。

食用方法：果实可用于炒食、做汤等。

004　野黄瓜 *Cucumis hystrix*

　　科属：葫芦科黄瓜属

　　别名：鸟苦瓜

　　识别特征：一年生攀援草本。叶片厚膜质，宽卵形或三角状卵形，常不规则地3～5浅裂或稀不分裂，边缘有小齿。雌雄同株，花黄色，果实长圆形。花期6～8月份，果期8～9月份。

　　产地与生境：产于我国云南西部，常生于海拔780～1550米的山谷、河边、阴湿处、林下及灌木丛中。印度、缅甸也有分布。

　　食用部位：果实。

　　食用方法：果实可以凉拌或炒食，也可盐渍后食用。

005 西南草莓 *Fragaria moupinensis*

科属：蔷薇科草莓属

识别特征：多年生草本，高5～15厘米。通常为5小叶，或3小叶，小叶片椭圆形或倒卵圆形，边缘具缺刻状锯齿。花序呈聚伞状，有花1～4朵，花瓣白色。聚合果椭圆形或卵球形。花期5～6月份，果期6～7月份。

产地与生境：产于我国陕西、甘肃、四川、云南、西藏，常生于海拔1400～4000米的山坡、草地、林下。

食用部位：果实。

食用方法：果实成熟后可直接食用，也可用于制作果汁、果酱，或制作沙拉等用作配料。

006　黄毛草莓 *Fragaria nilgerrensis*

科属：蔷薇科草莓属

别名：锈毛草莓

识别特征：多年生草本，高5～25厘米。叶三出，小叶片倒卵形或椭圆形，边缘具缺刻状锯齿，锯齿顶端急尖或圆钝，沿叶脉上毛长而密。聚伞花序1～6朵，花瓣白色。聚合果圆形，白色、淡白黄色或红色。花期4～7月份，果期6～8月份。

产地与生境：产于我国陕西、湖北、四川、云南、湖南、贵州、台湾，常生于海拔700～3000米的山坡草地或沟边林下。南亚也有分布。

食用部位：果实。

食用方法：同西南草莓。

007　东方草莓 *Fragaria orientalis*

科属：蔷薇科草莓属

识别特征：多年生草本，高5～30厘米。三出复叶，倒卵形或菱状卵形，边缘有缺刻状锯齿。花序聚伞状，有花1～6朵。花两性，稀单性，花瓣白色。聚合果半圆形，成熟后紫红色。花期5～7月份，果期7～9月份。

产地与生境：产于我国东北、内蒙古、河北、山西、陕西、甘肃、青海，常生于海拔600～4000米的山坡草地或林下。朝鲜、蒙古、俄罗斯也有分布。

食用部位：果实。

食用方法：同西南草莓。

008　野草莓 *Fragaria vesca*

科属：蔷薇科草莓属

识别特征：多年生草本，高5～30厘米。3小叶，稀羽状5小叶，小叶片倒卵圆形、椭圆形或宽卵圆形，边缘具缺刻状锯齿。花序聚伞状，有花2～5朵，花瓣白色。聚合果卵球形，红色。花期4～6月份，果期6～9月份。

产地与生境：产于我国吉林、陕西、甘肃、新疆、四川、云南、贵州，常生于山坡、草地、林下，广泛分布于北温带。

食用部位：果实。

食用方法：同西南草莓。

009　槐叶决明 *Senna sophera*

科属：苏木科决明属

识别特征：直立、少分枝的亚灌木或灌木，高0.8～1.5米。小叶5～10对，椭圆状披针形，先端急尖或短渐尖。伞房状总状花序，花瓣黄色。荚果初时扁而稍厚，成熟时近圆筒形而有点膨胀。花期7～9月份，果期10～12月份。

产地与生境：我国中部、东南部、南部及西南部各地区均有分布，多生长于山坡和路旁。

食用部位：嫩荚嫩叶。

食用方法：嫩荚可煮食，嫩叶洗净后开水焯（烫）2～3分钟，可用作配料，如与猪肉一起煮汤。

010 酸豆 *Tamarindus indica*

科属：苏木科酸豆属

别名：酸角

识别特征：乔木，高10～25米。小叶小，长圆形，先端圆钝或微凹，基部圆而偏斜。花黄色或杂以紫红色条纹，少数。荚果圆柱状长圆形，肿胀，棕褐色。花期5～8月份；果期12月份至翌年5月份。

产地与生境：原产于非洲，我国台湾、福建、广东、广西、云南常见，栽培或逸为野生。

食用部位：果肉。

食用方法：果肉味酸甜，可生食或熟食，或作蜜饯，或制成各种调味酱及泡菜。

011 刀豆 *Canavalia gladiata*

科属：蝶形花科刀豆属

别名：挟剑豆

识别特征：缠绕草本，长达数米。羽状复叶具3小叶，小叶卵形，先端渐尖或具急尖的尖头，基部宽楔形。总状花序，花冠白色或粉红。荚果带状，略弯曲。花期7～9月份，果期10月份。

产地与生境：我国长江以南各地区均有栽培，热带、亚热带及非洲广泛分布。

食用部位：嫩荚。

食用方法：嫩荚和种子供食用，先用盐水煮熟，然后换清水煮后食用。

012 黎豆 *Mucuna pruriens* var. *utilis*

科属：蝶形花科油麻藤属

别名：狗爪豆

识别特征：一年生缠绕藤本。羽状复叶具3小叶，小叶卵圆形或长椭圆状卵形，基部菱形，先端具细尖头，侧生小叶极偏斜。总状花序下垂，花冠深紫色或带白色。荚果，嫩果膨胀。花期10月份，果期11月份。

产地与生境：产于我国广东、海南、广西、四川、贵州、湖北。

食用部位：嫩荚。

食用方法：嫩荚和种子有毒，但经开水煮或水中浸泡一昼夜后，可用于煲肉、煲猪骨等，也可用于煲汤，南方客家人常食用。

013 榆树 *Ulmus pumila*

科属：榆科榆属

别名：家榆、白榆

识别特征：落叶乔木，高达25米。叶椭圆状卵形、长卵形、椭圆状披针形或卵状披针形。花先叶开放，在去年生枝的叶腋成簇生状。翅果近圆形，初淡绿色，后白黄色。花果期3～6月份。

产地与生境：分布于我国东北、华北、西北及西南各地区，常生于海拔1000～2500米以下的山坡、山谷、川地、丘陵处。朝鲜、俄罗斯、蒙古也有分布。

食用部位：嫩果。

食用方法：嫩果可用于做馅，或用于煮粥、与面粉混拌蒸食，生食味道也佳。

014　薜荔 *Ficus pumila*

科属：桑科榕属

别名：凉粉果

识别特征：攀援或匍匐灌木，叶两型，不结果枝叶卵状心形，薄革质；结果枝上叶革质，卵状椭圆形。瘿花果梨形，雌花果近球形，榕果幼时被黄色短柔毛，成熟时黄绿色或微红，雄花花被片2～3，瘿花花被片3～4，雌花花被片4～5。瘦果。花果期5～8月份。

产地与生境：产于我国福建、江西、浙江、安徽、江苏、台湾、湖南、广东、广西、贵州、云南东南部、四川及陕西。日本、越南北部也有分布。

食用部位：瘦果。

食用方法：瘦果水洗后可做凉粉，用于佐餐。

015 萝摩 *Metaplexis japonica*

科属：萝摩科萝藦属

别名：哈喇瓢、白环藤

识别特征：多年生草质藤本，长达8米。叶膜质，卵状心形，顶端短渐尖，基部心形，叶耳圆。总状式聚伞花序，花冠白色，有淡紫红色斑纹。蓇葖叉生，纺锤形。花期7～8月份，果期9～12月份。

产地与生境：分布于我国东北、华北、华东和甘肃、陕西、贵州、河南和湖北等地区，常生长于林边荒地、山脚、河边、路旁灌木丛中。日本、朝鲜和俄罗斯也有分布。

食用部位：嫩果。

食用方法：嫩果洗净后可直接生食，也可凉拌或与鸡肉、猪肉等炖食。

016 宁夏枸杞 *Lycium barbarum*

科属：茄科枸杞属

别名：中宁枸杞

识别特征：灌木，高0.8～2米。叶互生或簇生，披针形或长椭圆状披针形，顶端短渐尖或急尖，基部楔形。花冠漏斗状，紫堇色。浆果红色，果皮肉质，多汁液。花果期较长，一般从5月到10月边开花边结果。

产地与生境：我国新疆有野生，其他地区栽培或逸为野生。

食用部位：果实。

食用方法：果实可用于泡茶，也适合用作菜肴的调味料。

017 假酸浆 *Nicandra physalodes*

科属：茄科假酸浆属

别名：冰粉、鞭打绣球

识别特征：茎直立，高0.4～1.5米。叶卵形或椭圆形，草质，顶端急尖或短渐尖，基部楔形，边缘有具圆缺的粗齿或浅裂。花单生，花冠钟状，浅蓝色。浆果球状，黄色。花果期夏秋季。

产地与生境：原产于南美洲，我国部分地区逸为野生，常生于田边、荒地或住宅区。

食用部位：种子。

食用方法：成熟的种子可用于制作凉粉，又称冰粉，可用于佐餐。

018 水茄 *Solanum torvum*

科属： 茄科茄属

别名： 野茄子

识别特征： 灌木，高1～3米。叶单生或双生，卵形至椭圆形，先端尖，基部心脏形或楔形，边缘半裂或波状。伞房花序，花白色。浆果黄色，圆球形。全年均开花结果。

产地与生境： 产于我国云南、广西、广东、台湾，喜生于长海拔200～1650米热带地方的路旁、荒地、灌木丛中。东南亚及美洲热带地区也有分布。

食用部位： 嫩果。

食用方法： 嫩果洗净后可炒食，或炸熟后佐以调料凉拌。

019 木蝴蝶 *Oroxylum indicum*

科属：紫葳科木蝴蝶属

别名：千张纸

识别特征：直立小乔木，高6～10米。大型奇数2～4回羽状复叶，着生于茎干近顶端，小叶三角状卵形，顶端短渐尖，基部近圆形或心形。总状聚伞花序，花大、紫红色，花冠肉质。蒴果木质，常悬垂于树梢。

产地与生境：产于福建、台湾、广东、广西、四川、贵州及云南，常生于海拔500～900米热带及亚热带低丘河谷密林。东南亚也有分布。

食用部位：嫩果。

食用方法：嫩果可炒食或腌渍后食用。

中文索引